U0283923

室内装修基础课

东贩编辑部 编著

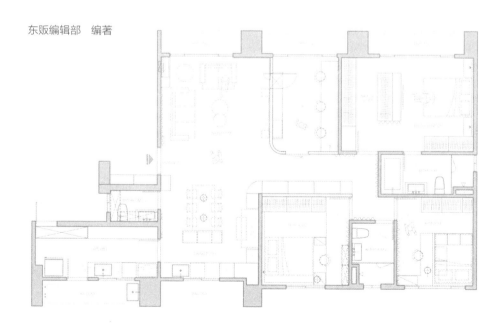

江苏凤凰科学技术出版社 · 南京

江苏省版权局著作权合同登记 图字：10-2021-578

图书在版编目（CIP）数据

室内装修基础课 / 东贩编辑部编著. — 南京：江苏凤凰科学技术出版社，2022.12
ISBN 978-7-5713-3354-6

Ⅰ．①室… Ⅱ．①东… Ⅲ．①室内装修－基本知识 Ⅳ．①TU767.7

中国版本图书馆CIP数据核字(2022)第229787号

室内装修基础课

编 著	东贩编辑部	
项 目 策 划	凤凰空间/徐 磊	
责 任 编 辑	赵 研 刘屹立	
特 约 编 辑	梅雪妍 闫 丽	

出 版 发 行	江苏凤凰科学技术出版社
出版社地址	南京市湖南路1号A楼，邮编：210009
出版社网址	http://www.pspress.cn
总 经 销	天津凤凰空间文化传媒有限公司
总经销网址	http://www.ifengspace.cn
印 刷	北京博海升彩色印刷有限公司

开 本	710 mm×1 000 mm 1/16
印 张	11
字 数	160 000
版 次	2022年12月第1版
印 次	2022年12月第1次印刷

标 准 书 号	ISBN 978-7-5713-3354-6
定 价	68.00元

图书如有印装质量问题，可随时向销售部调换（电话：022-87893668）。

顶面

定制家具

墙面

涂料

照明

地面

目录

3 墙面

4 照明

5 涂料

1
顶面

家居装修一定要做吊顶吗？如果只是为了视觉上的美观，这笔费用值得花吗？本章将全面解析顶面的设计和施工，解决业主对吊顶的各种疑问。

空间设计及图片提供：构设计

空间设计及图片提供：睛空间设计

不要因吊顶设计牺牲层高，影响空间感

　　为了追求整齐的视觉效果，并实现隐藏空调、管线，以及遮蔽梁的目的，很多业主在装修时会采用吊顶设计，以此来美化空间。然而在装修过程中，木工、水电工和油漆工环环相扣，一个步骤没做好，就可能导致吊顶出现下陷、裂缝等问题。把握好施工顺序与施工细节，才能获得美观、坚固、耐用且方便维修的吊顶。

空间设计及图片提供：ST DESIGN STUDIO

常见装修用语

· 隐藏式空调

指将空调室内机藏在吊顶里面，只留下出风口。相较于壁挂式空调，隐藏式空调在视觉上更加美观，在功能上可以分散配置出风口，以便空调吹出的风能更加平均地分散到各个角落。不过，隐藏式空调的室内机隐藏在吊顶里，日后的清洁、保养与维修会比较麻烦。

· 壁挂式空调

指空调室内机直接安装在墙面上，这是较为普遍的做法。室内机裸露在外，虽然视觉上不太美观，但施工、维修、清洁及保养相对来说方便许多，且安装时不用降低吊顶的高度，施工成本比隐藏式空调低一些。

· 间接照明

间接照明通常的做法是请木工工人在吊顶上制作可以隐藏灯具的灯盒，再将日光灯及灯座安装在灯盒里，借此将灯具隐藏起来。这种做法可以使空间显得利落美观，通过光的反射来照亮空间，也会让光线显得更加柔和。间接照明除了能营造氛围，还能放大空间的视觉效果。其缺点是容易沉积灰尘，需要经常打扫。

· 龙骨

指用来搭建吊顶或隔墙的内在骨架。以前的龙骨多使用木质材料，现在常用的还有轻钢龙骨、铝合金龙骨等。若是在卫生间做吊顶，由于空间湿气较重，需要龙骨具有防潮、防腐甚至防虫等性能，因此可以选用 PVC 板和与之配套的龙骨来搭建吊顶。

造型设计

样式 1. 平面吊顶

平面吊顶是最基本的吊顶类型，外观上就是平平的顶面。平面吊顶的装修价格较低，不过由于吊顶设计通常会搭配嵌灯，为了埋入灯具，一般需要另外挖洞，费用就会增加。若想增加更多线条变化，比如想要营造华丽的欧式风格，可在平面吊顶四周增加装饰线条。

空间设计及图片提供：构设计

样式 2. 造型吊顶

造型吊顶可以用来隐藏空调出风口和管线，以及难看的梁，但更多是为了制造空间亮点。施工时需要先用板材架构出弧形或框形的造型，再在板材表面粘贴装饰材料或刷涂料。如果为了视觉效果而设计更加复杂的造型，会增加施工难度和工程造价，还要仔细考虑结构的承重问题。

空间设计及图片提供：一它设计

样式 3. 间接照明吊顶

所谓间接照明吊顶，是指在吊顶四周安装灯具，让光线向上照射，借此来拉高吊顶的视觉高度，营造宽阔的空间感。这种设计既可以让吊顶有更加丰富的变化，又可以遮蔽吊顶上的梁和电线，还可以营造柔和的空间氛围。不过间接照明吊顶容易沉积灰尘，且不易清理，确定选用此设计前需要考虑到这一点。

空间设计及图片提供：一它设计

装修材料

吊顶材料种类繁多，应从防火性能、防水性能、强度以及是否环保等方面来挑选，建议仍以常用材料为主，以免给后续施工、维修带来困难。

材料 1. 硅酸钙板

由石英粉、硅藻土、石灰、纸浆、玻璃纤维等材料，经过制浆、成型、蒸养等工序制成的轻质板材。其具有优良的防火性能、防潮性能和隔声性能，并且可防虫蛀。使用寿命长，重量轻，施工方便，但要特别注意不要与氧化镁板混淆。

隔声性能	防火性能	防水性能
有	有	强

材料 2. 纸面石膏板

石膏板是一种板材，以专用纸包覆石膏制成，为了增加板材的强度及防火性能，有时会添加玻璃纤维、蛭石等材料。纸面石膏板有不同规格的厚度，可依使用需求进行挑选，配合轻钢龙骨或木龙骨来搭建吊顶或隔墙。

隔声性能	防火性能	防水性能
无	有	强

材料 3. PVC板

主要成分为聚氯乙烯（Polyvinyl Chloride，缩写为"PVC"），具有防水、不易发霉的特性，因此经常用于容易产生水汽的区域，比如厨房、卫生间等。其价格便宜，施工简单，但塑料感较强，不够美观。

隔声性能	防火性能	防水性能
有	无	强

材料 4. 矿棉吸声板

矿棉吸声板以矿棉为主要材料，具有防火特性，施工方便，保养容易，常用于明架吊顶。不过矿棉吸声板防水性能较差，不建议使用在易产生水汽的区域。另外，因其吸声特性，可起到良好的隔声作用。

隔声性能	防火性能	防水性能
有	有	差

吊顶施工流程

步骤 1
吊顶高度

确定顶面的设计高度。

→

步骤 2
量取水平高度

利用水平仪器量取水平高度，并于施工现场弹线放样。

→

步骤 3
架构基础骨架

以龙骨搭建吊顶的内在结构，应于此步骤安装窗帘盒，造型吊顶也要在这一步完成基础架构。

→

吊顶施工重点

重点 1：预留维修孔

房屋装修完毕，可能还需要在吊顶上更换灯饰、加装空调，或对已有设备进行保养、维修，因此封板时一定要预留维修孔。如此一来，不需要拆除吊顶，便可进行后续更换、维修等工作。

重点 2：龙骨应挑选防潮、防虫材质

南方地区气候多雨且潮湿，要预防腐朽、发霉等问题，龙骨的选择相当重要。选择龙骨时，要从预算、需求等方面来综合考量，挑选的材料最好具备防潮、防腐、防虫等特性，尤其是易产生水汽的浴室，一定要采用防潮的材质。

步骤 4 → **步骤 5** → **步骤 6**

水电管线

安装所需的水电管线。

封板

将板材固定在龙骨结构上，并保持适当间距。

收尾

油漆工进场填缝、刮腻子、研磨、上漆，收尾。

重点 3：板材间预留缝隙

基础架构完成后，便开始进行水电管线、空调室内机的安装配置，最后再以常用于顶面的硅酸钙板进行封板。封板时，板材之间需预留勾缝间距，这是为了预防板材因热胀冷缩而互相挤压，导致吊顶龟裂的情况。至于板材之间的缝隙，后续会进行填缝处理。

重点 4：楼板高度决定顶面的设计方式

并不是所有空间都适合采用吊顶设计，比如复式住宅或楼层高度较低的空间，若设计吊顶反而会造成压迫感。但如果有隐藏管线和梁等需求，做吊顶不失为一种处理方法。这时，可以通过局部吊顶的设计或间接照明的方式，在巧妙隐藏管线的同时，维持空间既有高度。若遇横梁，可以选用收纳柜的设计，将其藏于柜内。

空间设计及图片提供：Thinking Design 思维设计

木皮吊顶包梁藏线，美观又实用

原始空间有大梁横亘，梁下高度仅剩 220 cm。为了削弱厚重梁体的存在感，采用木皮包覆的方法，先用龙骨打造出结构，并做出斜角，以缓和直角的锐利感，尽可能推高吊顶的视觉观感。而梁下则布置了沙发，即便顶面低一点也不影响使用感受。顺势在吊顶内部安置水电管线，美观又实用。

弧形吊顶搭配灯带，削弱大梁的厚重感

玄关与餐厅上方原本横亘着厚重的大梁，梁下高度分别仅有 210 cm 与 230 cm，进门就有压迫感。为了削弱大梁的沉重感，选择用弧形吊顶进行包覆修饰，让柔顺的线条软化空间氛围。中央则采用平面吊顶，尽量拉高空间视觉效果。在弧形吊顶边缘刻意留出 10 cm 宽的间接照明，用灯带打造光洗墙的效果，模糊大梁线条。为了打造宁静、富有禅意的风格，从墙面到顶面均涂以硅藻泥，用硅藻泥质朴自然的纹理与暖灰色调来营造淡雅的氛围。

空间设计及图片提供：一它设计

空间设计及图片提供：欣琦翊设计有限公司 C.H.I. Design Studio

延展平铺杉木吊顶，
制造空间视觉延伸效果

　　这是一栋位于山中的房子，设计方案以自然元素为基础，以中国传统的"五行"概念为灵感来源。在无大梁阻碍的条件下，客餐厅顶面引入"木"元素，铺陈为平面吊顶，表面贴覆杉木木皮并染深。长条形木皮以错开 1/3 的方式拼贴，延伸视觉感，展现一种磅礴气势。杉木明显的木节、自然的纹理，以及沉稳的木色为空间注入宁静安定的气息。靠窗处的顶面与墙面略微脱缝，在其中安排间接光源，沿窗形成灯带，柔顺的弧形光带勾勒出跃动的空间线条。

空间设计及图片提供：Thinking Design 思维设计

倒 L 形设计，
全面遮盖梁柱

　　餐厨区的原始顶面上有大小错落的梁，一旁的墙面也有厚重的柱体，为了让空间线条更平整，采用整面的木皮从顶面平铺到墙面，倒 L 形的设计巧妙地遮掩了梁柱，视觉上更显干净利落。表面贴覆栓木木皮，横向与斜向错落的木纹能丰富视觉层次，中央特意留出沟槽，不仅增添了造型之美，也让不同方向的木皮能在各自沟槽处收边，令施工更方便。

空间设计及图片提供：一它设计

以装饰线包边，营造英伦风格

　　老房层高较低，为了拉高空间视觉效果，顺着沙发与电视墙上方的圈梁包覆吊顶，巧妙地隐藏了梁体的存在。中央则依照原始的高度铺设平面吊顶，为了避免整体高度显得过于低矮，平面吊顶采用了悬浮设计，通过加深阴影来营造立体的悬浮效果。此外，留出 12 cm 宽做间接照明，并沿着间接照明的边缘镶上装饰线，营造英伦风格的室内空间。

融入圆形概念，以弧形吊顶包梁

　　客餐厅有两根大梁横亘在空间中，为缓解大梁造成的压迫感，在以复古元素为基础的设计中融入圆形概念，包覆修饰大梁，隐藏尖锐边角，顺势修圆边角，利用可弯板拉出弧形角度，让空间更为柔顺平滑。同时以平面吊顶铺陈全室，拉高空间视觉效果，并采用嵌灯照明，辅助搭配白色玻璃吊灯，让空间色系显得一致。另一侧布置隐藏式空调，并在电视机上方安装排风口，有效地避开了空调直吹头顶的问题。

空间设计及图片提供：拾隅空间设计

空间设计及图片提供：欣琦翊设计有限公司 C.H.I. Design Studio

宽窄胶合板交错拼贴，创造视觉律动

原始层高超过 3 m，挑高充裕，顺着梁体铺设平面吊顶，展现辽阔开放的空间感。由于采用了有木节纹理的胡桃木地板，为了不让空间的视觉感过于复杂，在吊顶的表面贴覆色调单一的胶合板。这种板材具有自然木色而不会抢眼，也能呼应将自然引入室内的主题。将特地定制的宽窄不一的胶合板进行交错拼贴，通过线条变化来创造跃动的视觉感受，即使色系单一也不会显得呆板。此外，还安装了轨道灯来协助照明，这种灯能自由变换照明方向，可有效地照亮全室。

空间设计及图片提供：拾隅空间设计

大梁顺圆包覆，辅以灯带柔化空间

这是一间能用作客房兼茶室的空间，面积小，原始梁下虽有 311 cm 的高度，但在大梁的压迫下显得非常局促。为了让空间的视觉感开阔一些，沿大梁包覆吊顶，同时将边角修圆，加以润饰，让优美柔顺的线条削弱直视尖角的压迫感。在施工时，以龙骨构建圆弧，再利用可弯板进行贴覆，并在表面涂漆进行美化。梁体边缘顺势设置灯带，巧妙地用光线勾勒空间线条，营造温润的光影变化。

空间设计及图片提供：拾隅空间设计

弧形吊顶，丰富空间视觉

从玄关到客厅，在全开放的空间中铺设木质吊顶，引导视线向外延伸，让空间更显开阔。选用色调轻浅的栓木木皮贴覆表面，在全白空间中增添了清新的温润质感。木质吊顶采用弧形设计，可以柔化空间，而错开 1/3 拼贴的木皮则打造出了具有律动感的线条，让空间视觉感丰富而不呆板。采用暗藏式的间接照明，隐约露出的温暖光线可以为空间注入宁静安定的气息。

空间设计及图片提供：构设计

回归单纯的顶面设计，展现极简现代线条

这个空间里没有太多的梁，因此采用平面吊顶设计，以强调视觉上的利落平整。为了安装隐藏式空调，书房区的顶面下降了 30 ～ 40 cm，由于这里并非是走动频繁的区域，加上整个空间开放的格局与优良的采光条件，因此并不会因顶面下降而产生压迫感。

高低错落的吊顶设计，巧妙隐藏大梁

　　几根大梁横亘在空间中，若吊顶高度一致，则整体空间高度便会过低。因此采用渐近式手法，巧妙地将大梁包进高低错落的吊顶里，并搭配嵌灯，营造舒适的高度。唯一的吊灯安装在餐桌上方，餐厅区顶面略低，造型华丽的灯具成为空间视觉的焦点。

空间设计及图片提供：构设计

空间设计及图片提供：一它设计

利用 H 型钢、不锈钢压型板架构屋顶

　　将顶楼的双斜屋顶改为单斜屋顶，并加开了一个圆形天窗，让光线可以大量涌入，引导视线向上延伸，使狭窄的顶楼空间显得通透，而且布置出一处欣赏夜景的区域，舒适而有趣。以 H 型钢搭建屋顶结构，外层铺不锈钢压型板，内部填充保温材料。圆窗选用 1 cm 厚的夹层玻璃，搭配不锈钢收边，再以硅胶密合，达到防水效果。

问答

问题一 1

做吊顶时除了木工，还有哪些工程要进行？

若原始空间就有吊顶，重新装修必然要先将其拆除，有拆除工程，就会衍生出清运废料的工程。在吊顶骨架完成后，随后的工序是安排管线，如空调电线、冷气管、排水管，以及吊顶灯具的电线等，皆需水电工进行线路规划，排管布线。另外，吊顶灯具若想采用嵌灯设计，在开始水电工程之前，要先做好照明设计，规划好嵌灯的数量、位置等，若计划安装分离式空调，也要在吊顶施工前设计好空调的位置，以便后续进行结构加固。

管线安排好后，吊顶进行封板前，要将剩下的消防设备如烟雾探测器、可燃气体探测器等，拉到指定的位置上。消防管道加长或改短，可由水电工或消防厂商来施工。最后，在吊顶封板后，油漆工进场，进行补 AB 胶、刮腻子、刷油漆等工作，完成顶面工程。

空间设计及图片提供：Thinking Design 思维设计

吊顶施工时通常需要进行多种工程，最重要的是要安排好各工程的先后顺序，以免耽误进度。

问题一 2

吊顶用的是硅酸钙板，表面可以直接贴装饰材料吗？

硅酸钙板的主要原料是石英粉、硅藻土、石灰、纸浆、玻璃纤维等，表面光滑且有粉末，因此并不适合在未处理前直接粘贴装饰材料。一般的施工方式是先在硅酸钙板表面涂刷油漆，或者加上一层夹板后，再粘贴装饰材料。常见的装饰材料有美耐板、木皮和镜面等。

虽然硅酸钙板大多是用来做底材的，但仍有多种纹理、厚度可供选择。若是空间风格强烈、有个性，其实可以挑选喜欢的板材直接使用，不用进行加工，只需裸露出硅酸钙板表面，凸显板材原始的纹理，就可以打造独特的空间风格。

问题一 3

为什么吊顶会出现裂痕？

吊顶封板时，会刻意在板材与板材之间预留缝隙，这是为了预防板材因热胀冷缩而互相推挤。一般预留的缝隙宽度是 2 ~ 6 mm，不过若只留 2 mm，后续在进行填缝时会不太好施工。板材固定好后，就要在板材间的缝隙中填入 AB 胶，施工方式通常是在第一次填入的 AB 胶干了之后，再填入第二次，第二次的 AB 胶硬化后，才可以刮腻子，然后再涂上油漆。如果吊顶出现龟裂，有可能是一开始施工时就没有预留出足够的缝隙，或者是填缝时没有做到位。

问题一 4

如果预算不够想省钱，
可以不做吊顶吗？

空间设计及图片提供：拾隅空间设计

吊顶可以将凌乱难看的管线完全隐藏，若预算不够，可以选择设计平面吊顶，便能兼顾省钱与美化的目的。

不论新房还是旧房，装修时都可能会涉及重新布置水电的问题。很多管线如水管、网线、空调管线、消防管线等，会顺着顶板从墙面走或者直接垂下，于是布满管线的楼顶就需要用吊顶将杂乱的线路隐藏好。有些业主想节省装修费用，便有不做吊顶的想法，且不论不做吊顶是否真能省钱，建议还是先从该不该做吊顶来评估。

顶板不平整、梁较多的楼房，建议做吊顶封顶，因为整平顶板不易做到，且梁较多，在视觉上也不美观。顶板状况较好的房子，可以选择不做吊顶，用拉明管的方式解决裸露在外的管线。但要知道，管线无从隐藏，就更要细心规划好管线的走向，而且为了让管线看起来比较美观，施工相对也更加费时费力，最后算下来不见得会比做吊顶便宜。

若真想从吊顶上节省费用，建议不要做太多造型，可以选择款式基础且价钱较低的平面吊顶，或只给部分空间设计吊顶。像客厅、厨房这类么招待客人，要么管线较多的公共区域，可以采用吊顶的设计；而卧室、书房这类较为私密的区域，对光源形式要求不高，且通常没有太多管线经过，可以省略不做。

问题—5

不做吊顶，
露出来的管线怎么美化？

有些业主为了节省费用而选择不做吊顶，也有些业主因为心仪工业风而选择不做吊顶。没有了吊顶的遮挡，裸露出来的管线就要排布整齐。

管线外露，但家居空间仍要顾及美观，所以通常会依业主个人喜好或空间风格来选择使用压条（扣条）、PVC 管或镀锌无牙导线管（Electrical-Metallic Tubing，简称"EMT 管"）等来满足视觉与风格的要求，接着，将电线集中在管内，以明管的方式在顶面拉管。这种施工方式需提前规划好管线的走向，虽说没有固定要求，但建议还是尽量简洁，避免过于杂乱，且最好不要有过多弯曲的造型，因为走明管很考验施工人员的功力，太多弯曲的造型对不熟练的工人来说难度较大，可能会影响施工速度与最后效果。相较于藏在吊顶里，明管拉管反而更花时间，费用也可能更高。因此，若只是出于省钱的考虑，最好两种方案都做过预算后再决定是否做吊顶。

空间设计及图片提供：构设计

为了顾及美观，通常会选择使用压条、PVC 管或 EMT 管等来拉管布线，管线可涂刷与顶面相同的颜色，从而淡化其存在感。

问题 **6**

不做吊顶的房间好吗？

做吊顶的房间，隔声和隔热效果比

做吊顶会增强隔声效果吗？是的。只要确定封板时板材已经钉好，吊顶对于隔声还是有一定效果的。若想隔声效果更好，需在吊顶里面加装隔声棉，这样隔声效果会更好。另外，在有水管经过的区域很容易听到流水声，此时可先在水管外面贴一层胶带，作为第一层阻隔，之后再在吊顶内加装隔声棉，最后确认并封板，如此一来便能达到较好的隔声效果。

至于隔热，如果采用有隔热效果的板材，确实能起到一定作用，但热量并非只通过顶面传导，所以是否安装吊顶对整个房间的隔热效果影响有限。住在顶楼的业主，若想采取有效的隔热方式，应当在屋面外部施加相应的隔热手段，如选择具有隔热功效的地砖，或使用隔热漆等，效果会比单纯改造室内的吊顶更为明显。

问题 **7**

可以吗？会有承重问题吗？

装修后想在吊顶上吊挂重物，

吊顶常以硅酸钙板或石膏板作为装饰板，由于这两种材料都是粉末及细纤维材质，质地脆硬，钉子难以咬合，所以并不适合直接在板材上用钉子来吊挂重物。

一般来说，若想在吊顶上悬挂灯具等重物的话，应当在吊顶施工前就做好规划。如此一来，在进行顶面施工时，木工工人就会预先在需要吊挂重物的位置加设龙骨，这样便可以增加吊顶的承重力，从而将重物固定在吊顶的龙骨上。

问题 8

吊顶包梁、包管是什么意思？

　　家居装修时为了省钱，吊顶设计可以省去不做，但裸露出来的水电管线该如何隐藏呢？有一种俗称"包梁""包管"的做法，可以达到修饰顶面的目的。

　　吊顶设计是以龙骨做出架构后，再封板，把管线隐藏在吊顶里，视觉上看起来相当平整。包梁、包管则只针对裸露出来的管路、电线等进行局部包覆隐藏，视觉上看起来就像是多了一根梁。若是采取管线沿着梁走，再以木工包覆的方式加以修饰，则梁会看起来略微粗一点，但管线可以被收拾得很干净，同时又能维持顶面的原始高度，费用还比设计吊顶便宜，施工也相对简单。唯一要注意的是水平施工的精确度，小心不要水平失调，否则会让梁看起来歪斜。

　　若采用墙面梁柱包管设计，建议与收纳空间的设置相结合，既增加收纳空间，又能完美隐藏梁柱。也可以用粘贴装饰材料、转移视觉焦点等设计手法来美化或弱化室内梁柱。

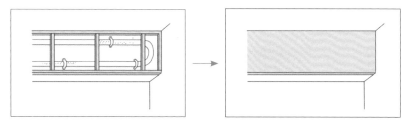

若不想做吊顶，可以选择让管线沿着梁走，将管线包在梁里。包管虽然会让梁增加一些厚度，却能完美隐藏管线，维持顶面的原始高度。

问题一9

不同产地的硅酸钙板，质量和价格差异大吗？

目前市面上使用的硅酸钙板，除了国产的，还有很多来自日本和南亚。就板材质量而言，日本的硅酸钙板质量较佳，价钱上也略贵，若考虑到预算，除了国产板，不妨选择使用南亚产的硅酸钙板。

挑选板材时除了要看产地外，更重要的是要注意材质中是否含有石棉。一定要选用不含石棉的安全材料，这样才不会对身体造成伤害。

问题一10

如果做吊顶，空间原始高度会降低很多吗？

如果只是单纯为了隐藏管线和空调室内机，只需加上约 5 cm 高的龙骨，顶面的高度会下降 12 ~ 15 cm；但若想将梁一并包进吊顶内，就要根据梁的大小来看顶面会降低多少了。常见的梁高为 30 ~ 40 cm，如果要将其全部包进吊顶的话，那么层高一定会降低更多。

一般来说，为了不让人在空间里有压迫感，室内净高至少要在 260 cm 左右，以此回推原始层高，最好要有 280 cm 以上，才不至于在做了吊顶之后感到空间过于低矮。而有些层高本来就比较低，或者是复式住宅的夹层，就不建议设计吊顶了，以免净高变得更低，压迫感过强。

问题 11

用于吊顶的嵌灯有哪些尺寸？

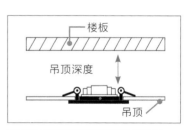

嵌灯的尺寸、数量，可依业主需求规划，嵌在吊顶里的设计，能让空间看起来更利落。

嵌灯常见的尺寸有 7 cm、7.5 cm、8 cm、8.5 cm、9 cm、10 cm 等。室内设计本身对嵌灯的尺寸、数量没有过多限制，主要是以业主的需求及希望呈现的空间效果为挑选原则，比如，空间里想打造的照明重点越多，规划的嵌灯数量就越多。尺寸小的嵌灯营造出来的光线氛围比较细腻，而易有水汽的卫浴区域，则应选择有防水功能的嵌灯。

除了要考虑尺寸、数量外，吊顶安装嵌灯最需要注意的是灯具的散热问题。因为灯具是嵌在吊顶里面的，安装时需要预留散热空间，如果有管线经过，散热空间最好再多留一点。挑选嵌灯时，建议先确认吊顶的深度，再来选择灯具。另外，在替换旧灯具时，要将原有的嵌灯取下，测量其嵌入孔的大小而非灯具大小，以免买到尺寸不合适的灯具。

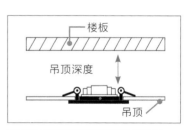

吊顶上安装嵌灯需预留散热空间。

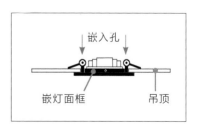

购买嵌灯时要先测量嵌入孔的大小。

问题一 12

硅酸钙板有其他款式可供选择吗？

在进行家居装修时，硅酸钙板多是作为底材使用的，因此大多会选择外观简单的素面硅酸钙板，之后再涂刷油漆，或者粘贴装饰材料。其实除了作为底材，硅酸钙板还有多种不同的应用方式，在市面上可以看到各种不同款式的硅酸钙板，除了最基本的颜色差异外，有的板材表面还有不同的纹理，甚至有仿木、仿石材等款式。这类有纹理或特殊花纹的硅酸钙板，很适合直接使用，刻意裸露板材的原始纹理与质感，为空间增添独特的视觉元素。

问题一 13

什么是轻钢龙骨吊顶？家居空间能使用吗？

轻钢龙骨吊顶和木龙骨吊顶最大的差别在于骨架的材料，木龙骨吊顶使用的是木料，而轻钢龙骨吊顶使用的是轻钢。轻钢材质为金属，因此不用担心有虫蛀的问题，施工速度较快，更重要的是轻钢具有耐火的特质。不过若想做造型吊顶，轻钢龙骨因塑形困难，施工难度会更高。

轻钢龙骨吊顶常应用于办公室或展场空间，也可运用在家居空间。轻钢龙骨吊顶依组构方式分成明架吊顶和暗架吊顶，两种类型的吊顶会呈现出不同的视觉效果，可先进行了解再选择适合自己的类型。

问题 14

常用于吊顶的板材有哪些？

目前常用于吊顶的板材有硅酸钙板、PVC 板、矿棉板、石膏板等，其中使用最普遍的是硅酸钙板。易产生水汽的区域多采用可以防潮、防霉的 PVC 板；矿棉板吸声与隔热效果好，但价钱略高，因此使用不太广泛；相较而言，石膏板价钱较低，隔声、防水效果也还可以，不失为一种可考虑的材质。

吊顶常用板材的比较

种类	重量	价位	隔声效果	隔热效果	防水效果
硅酸钙板	中	中	低	低	强
PVC 板	低	中	中	中	强
矿棉板	中	高	强	高	低
石膏板	重	低	中	低	低

问题 15

吊顶施工时，水电、木工和油漆等工程的顺序如何安排？

吊顶施工的顺序最容易搞错的是木工和水电。其实一开始应该由架构吊顶基础骨架的木工进场，由木工工人用龙骨搭构出吊顶的雏形，接着水电工人进场，进行管路、电线的铺设，空调室内机的位置安排也是在此时确定的。之后再由木工工人在已确定的空调位置上，用龙骨加强承重，然后再钉上板材封板。此时吊顶已算完成，最后由油漆工人接手，油漆工人的主要工作是填缝、刮腻子、刷油漆等。

问题 16

什么是明架吊顶和暗架吊顶？

采用明架吊顶的顶面可以明显看到龙骨的结构与材质，而采用暗架吊顶的顶面则无法看清龙骨。

明架吊顶是先以轻钢龙骨做出基础骨架，再将板材放置在骨架上，板材安置好后，依然可以从外观上清楚地看到龙骨骨架。明架吊顶施工快速，结构清晰，板材直接放置在骨架上，拿取容易，且便于更换、维修吊顶里的管线或设备，常用于商业空间、办公室空间等。

和明架吊顶相反，暗架吊顶的骨架隐藏在板材后面，所以完工后只能看到封板的板材，看不到骨架。较为注重视觉美观的地方，比如大厅或者大型集会场所，多会采用暗架吊顶。不过暗架吊顶的板材需与骨架固定在一起，因此要事先预留维修孔，以便日后维修。

明架吊顶、暗架吊顶的比较

吊顶种类	施工速度	维修便捷度	价格
明架吊顶	快	高	低
暗架吊顶	较慢	低（需预留维修孔）	高

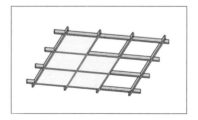

明架吊顶施工速度快，便宜又好维修，因此常用于商业空间、办公空间等。

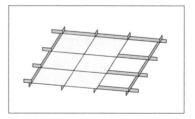

暗架吊顶视觉上美观许多，且板材与骨架固定在一起，较为稳固。

问题 17

什么是间接照明吊顶？和层板灯一样吗？

间接照明可散发柔和的光线，同时也有引导视线向上延伸的作用。

空间设计及图片提供：构设计

所谓间接照明，是指灯具不直接将光线投向被照射物，而是将光线打向墙壁、镜面或地板后形成反射，从而营造出柔和、见光不见灯的照明效果。柔和的光线可让家居空间变得沉稳，让人置身其中时能有安宁、放松的感受，而灯具不外露，更能将空间线条化繁为简，制造出干净利落的效果。间接照明的灯具常隐藏在层板后面，有人将这种照明称为"层板灯"。

间接照明设计最常见于吊顶设计，但其实这种设计手法并不局限于吊顶。间接照明除了可以满足空间里的光源需求外，还可以借助巧妙的规划，让空间更具层次感，因此也可用于地板、收纳层板甚至楼梯等区域。

间接照明可用于吊顶、地板区域，由于多隐藏在层板后面，也被称为"层板灯"。

问题 18

氧化镁板和硅酸钙板有什么不同？能用氧化镁板替代硅酸钙板吗？

氧化镁板和硅酸钙板都是家居装修常用的材料，两者都具有耐燃的特性，但因为氧化镁板不吸水，容易受潮并产生水渍（板材受潮就容易引起龟裂），所以气候潮湿的地区不适合使用氧化镁板。相较于氧化镁板，硅酸钙板吸水快，干得也快，且质地轻，比较适合在潮湿地区使用。

过去常有人用氧化镁板替代硅酸钙板，这是因为氧化镁板容易裁切，在施工时比较方便且快速，而且氧化镁板价格比硅酸钙板便宜。潮湿空间最好不要混用这两种板。由于两者在外观上不易被区分，建议施工前先做确认，一般在板材背面会明确标示板材的名称、产地、品牌及厚度等信息，依据标识信息确认即可。

问题 19

如何确定自家适合哪一种顶面做法？

顶面类型千千万，该如何确定自家适合哪一种呢？首先来了解一下顶面的几种类型。有一种封闭式吊顶，可将原始楼板的所有缺点（比如包含横梁、不平整等问题）全都隐藏起来，视觉上相当平整美观。还有一种是局部包梁设计，这种设计只对梁进行包覆，不会影响整体空间的高度。再有就是不做任何修饰，让管线以明管的形式排列在顶面上的做法。清楚了几种常见的顶面类型，再根据原始空间的条件、预算和风格，依照个人喜好与需求，便可以明确地选出适合自家的顶面类型了。

顶面做法的比较

项目	封闭式吊顶	局部包梁设计	露出明管
视觉美感	较为美观且平整，还可内嵌灯具	可修饰梁，不会影响整体空间的高度	为了美观，需要特别挑选明管材质，专门设计管线走向
施工	木工施工快速，但与水电工程重叠，需要提前安排好施工顺序	只有局部需木工施工，方便快速	需要事先计划好管线走向，找比较有经验的工人来施工

隔墙和吊顶，要先做哪个？

不管是先做隔墙还是先做吊顶，对施工的影响并不大，唯一的差异就是完工后的隔声效果和稳定效果。一般来说，先做隔墙再做吊顶的隔声效果比较好；如果先做吊顶再做隔墙，声音就会在吊顶的空隙中传递，如此一来，便无法达到隔声的日的。先做隔墙再做吊顶，不仅可以阻绝声音传递，还可以达到稳定隔墙的效果，降低隔墙倒塌的可能性。

除此之外，在进行拆除工程时也经常会遇到不知道吊顶和隔墙要先拆除哪个的问题。正常的拆除顺序应该是由上而下、由内而外，所以应该是先拆除吊顶，再拆除隔墙。不过若是需要拆除的隔墙本来就没有做到原始楼板的高度，那么这时拆除顺序就应该颠倒过来，应先拆除隔墙，再拆除吊顶，否则，需要拆除的隔墙可能会因为失去顶部支撑而有倒塌的危险。

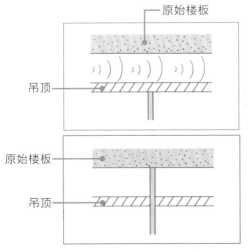

原始楼板
吊顶

隔墙没做到原始楼板的高度，声音会在吊顶的空隙里传递，无法达到隔声效果。

原始楼板
吊顶

隔墙做到原始楼板的高度，不只隔声效果好，隔墙也会更稳固。

2 地面

地砖、木地板、水泥粉光……地面材质的种类这么多，哪种最适合自己家呢？本章集中解析了不同地面材质的特点与施工方式，详细介绍了不同材质的优缺点，帮助你找到适合自家风格与预算的地面材质。

选对地面材质，让家的风格更到位

地面占据了空间中的大部分面积，因此地面材质的选用对营造空间风格来说尤其重要。在符合预算的前提下，地面材质的挑选、应用，应以家居风格为基准，架构出基础框架，再利用家具、软装等营造理想的家居环境。不同的地面材质对应不同的施工方式，原始地面的状况更是会直接影响到施工的效果与费用。因此选择地面材质时，除了需要考虑风格之外，原始地面的状况也应是业主考量的一个重点。

空间设计及图片提供：构设计

常见装修用语

· 错缝拼贴

地砖或瓷砖错开拼贴，这种拼法可用于地面或墙面，并借由材料对齐位置的不同，展现不同的视觉效果。例如：1/2 拼，对齐的点为前一排的 1/2 处；1/3 拼，对齐的点为前一排的 1/3 处。

· 地面找平

地面找平即粗坯打底，又称"打粗底"，是指将地面和墙面的凸起物全部去除之后，将凹凸不平的地方用水泥砂浆整平的工序，这是影响后续施工效果的重要工序。

· 起拱

铺贴地砖常使用水泥砂浆，而砂浆孔隙里存有水分与空气，温度变化导致热胀冷缩，水分与空气会从地砖缝隙中排出，若伸缩缝预留不足，就可能发生膨胀起拱现象。

· 见底

通常瓷砖墙的施工顺序是先砌墙，再抹水泥砂浆，最后贴瓷砖。见底的意思就是将原先的瓷砖、水泥砂浆都拆除，只留砖墙。如此一来，就可以评估砖墙的状况是否良好，若有问题便可在后续施工时请工人一并处理。

地面材质种类

种类 1. 木地板

木地板质感温润，踩踏时不会有冰冷感，视觉上能营造出温馨、温暖的氛围。可分为实木地板、实木复合地板和强化复合地板等。它们各自的特点后文会进行介绍。

空间设计及图片提供：拓阔空间设计

空间设计及图片提供：构设计

种类 2. 地砖

地砖是使用率最高的装修材料之一，保养、清洁容易，种类多元，除了花色、尺寸差异，依据材质还可分为陶质砖、石质砖、瓷质砖。不同种类地砖的施工方式和时间略有不同，费用上也有差异。在装修时，除了依照空间风格挑选地砖外，也可根据不同空间的功能选用适当的砖材。

种类 3. 水泥

过去，水泥只是一种建筑材料，但近年来，使用水泥且不另做装饰俨然已经成为一种家居风格。不过看似简单的水泥粉光，却易受原料质量、空间条件、施工经验等因素影响，而呈现出不同的色泽及手感纹路。

空间设计及图片提供

空间设计及图片提供：淹设计

种类 4. 新型材料

水泥粗犷、质朴的质感虽然很有特色，但起砂、龟裂等问题却仍为人所诟病，因此与水泥效果相仿的其他材料如磐多魔、微水泥等便成了替代品。其中一些涂料施工时可以不用打掉原始地面材质，施工完成后还可防水，且不易龟裂，保养也相对容易。

装修材料

铺设于地面的材料最怕潮湿，因此挑选时应首先注意其是否防潮。另外，地面经常被踩踏，所以是否耐磨也是评估的重要因素。

材料1. 实木地板

实木地板是将天然木材加工处理后，制成条状或块状，作为铺设在地面的材料。实木地板具有原始木材的纹理，比人造木材更具变化性，有良好的保温、隔热、隔声等性能。但怕潮湿，易因湿气导致起拱变形，因此湿气较重的地方不建议使用。

优点	缺点
·触感较好 ·温度适应性好 ·会散发木材的天然香味	·价格昂贵 ·怕潮湿 ·不耐磨，易刮伤

材料2. 实木复合地板

实木复合地板是由不同树种的板材交错层压而成的，兼具强化复合地板的稳定性与实木地板的美观性，而且具有环保优势。

优点	缺点
·耐磨、耐刮 ·防虫、防潮 ·价格较便宜	·表面纹路不自然 ·没有实木的触感 ·内在质量不易判断

材料3. PVC地板

PVC地板是采用聚氯乙烯材料生产的地板，是现在非常流行的一种新型轻体地面材料。PVC地板的花色、品种非常丰富，安装快捷。但如果在卫生间等潮湿空间使用，地面必须做防水层以隔离水汽。

优点	缺点
·耐磨性能较好 ·防潮防滑 ·有较好的弹性和抗冲击性	·对铺装地面要求较高 ·虽然耐磨，但怕被利器划伤

材料 4. 釉面砖

在砖的表面施釉，经过高温高压烧制处理，就能得到釉面砖。这种瓷砖抗酸、抗碱，好清理，还可以在釉料里加入颜料，使瓷砖具有丰富的图案和色彩，比如常见的木纹、大理石纹等。

优点	缺点
·花色丰富多变 ·可抗酸、抗碱 ·好清理	·若在经常走动的区域使用，容易破裂 ·耐磨度较抛光砖差

材料 5. 通体砖

通体砖亦可称为"无釉砖"，就是不在砖材上施釉。整块砖材为一个颜色，且成分单纯，质地相当坚硬。虽说外观略显单调，但适合应用在经常走动、踩踏的区域，如商场、走道等。

优点	缺点
·稳定度高 ·质地坚硬 ·耐用	·颜色单调 ·表面粗糙、不平整

材料 6. 抛光砖

抛光砖是将表面打磨光亮的一种通体砖，具有通体砖坚固的特性，并且表面相当平滑、漂亮。经过抛光的砖面仍会有细微孔洞，若有液体洒在砖材上，应立刻擦拭，以免液体渗入砖材孔洞造成脏污。

优点	缺点
·质地坚硬 ·耐磨 ·外观较好看	·不耐脏 ·容易吃色

材料 7. 水泥

水泥是一种粉状建筑材料，与水混合后会凝固硬化。过去多是在水泥中混入砂子，作为黏合砖块的黏合剂，现在有时也会将水泥当成装修材料使用在地面、墙面等区域。

优点	缺点
·可让空间展现强烈风格 ·具有天然的独特纹理	·会龟裂 ·会起砂 ·无法控制纹路

材料 8. 磐多魔

磐多魔的英文名为"panDOMO"，可使用于地面、墙面或顶面，以水泥为基材，施工完成面看起来比较平滑。除了色彩可任意调配外，还可加入石子，呈现出类似水磨石地面的效果。

优点	缺点
·施工快速，施工期短 ·可呈现无接缝地面的效果 ·抗污耐脏	·有吃色问题 ·不耐刮 ·需定期保养

材料 9. 大理石地板砖

大理石地板砖是指用大理石制成的地砖。每一块大理石地板砖的纹理都是独特的，有助于创造出一系列不同图案及纹理的组合。其具有高耐磨性、高光洁度，可防水、防腐，常用作家居、酒店等空间的地面或墙面材料。

优点	缺点
·美观大方 ·持久、耐用	·费用较高 ·抗污性差

材料 10. 环氧树脂地板

环氧树脂地板的主要成分为环氧树脂（Epoxy），与相对应的固化剂及适量的流平剂、消泡剂等，带有弹性，不像水泥粉光会有龟裂、起砂的问题，施工快速，且价格便宜，常用于停车场、商业空间或者室外空间等。

优点	缺点
·有多种颜色可供挑选 ·抗龟裂，不会起砂 ·成本低廉	·不耐刮 ·不耐高温 ·怕潮湿

木地板施工流程

步骤 1

确认原始地面状态

确认施工区域是否干净、平整，若有漏水、原有地面起拱的情况，需先行处理。

步骤 2

铺设木地板

选择适合的铺设方式铺设木地板。

－ 平铺 －	－ 直铺 －	－ 架高 －
1. 铺一层防潮垫。 2. 铺一层隔声垫。 3. 以 12 mm 厚的夹板做底板，铺设木地板。	1. 确认地面平整，高低差在 3 mm 以下。 2. 铺一层防潮垫。 3. 铺一层隔声垫。 4. 铺设木地板。	1. 以防腐龙骨做底座，在龙骨上铺设夹板。 2. 铺一层防潮垫。 3. 铺设木地板。

木地板施工重点

重点 1：预留伸缩缝

木地板铺设时与墙面之间要预留伸缩缝，这是为了预防地板因热胀冷缩而拱起。待铺设完成后再用硅胶、收边条或踢脚线进行收边即可。另外，板材与板材之间不可接得太紧，这样会导致两块板材互相摩擦，在踩踏时会发出声响。

重点 2：确认地面的干燥度

木地板最怕水，为了延长地板寿命，铺设木地板前应该先确认地面的干燥度。一般来说，刚铺完的水泥地面，约需一个月的养护期，待水分蒸发到一定程度后才能开始铺设木地板。

重点 3：最后再铺设木地板

装修时，现场会一直有施工人员进进出出，因此在不影响工程进度的前提下，最好将铺设木地板安排在最后进行，以免在施工过程中不小心损坏。

重点 4：预留门的高度

一般来说，铺设木地板前，门多已安装好，因此铺设木地板时要记得预留可以让门板顺利开启的空间。门底部的高度在减去地板完成面的高度后，至少还要有 5 ~ 10 mm 的距离，以免出现因门不够垂直而在开关门时刮到木地板的情况。

重点 5：原始地面需找平

在铺设木地板之前，确认原始地面状况特别重要，不论是打底还是直接铺在地砖地面上，都要确认地面是平整的。如果地面起伏太大，就要花工夫修改。如果平整度没调整好，未来踩上去就可能会有声音。

地砖施工流程

步骤 1

确认原始地面状态

确认施工区域是否干净、平整，若有漏水或原有地砖起砂的情况，则需先行处理。

步骤 2

铺设地砖

根据地砖种类，采用适合的铺设方式。

— 软底施工 —

1. 将施工区域的地面喷湿，保持地面的湿润。
2. 水泥与砂子以体积比不小于 1∶3 的比例混合均匀，加水搅拌成水泥砂浆。
3. 将水泥砂浆铺在地面上并抹平，厚度约 3 cm。
4. 等水泥砂浆略干，铺上地砖，并以榔头木柄轻敲至地砖完全黏紧。

— 硬底施工 —

1. 将地面清理干净。
2. 将水泥、砂子与水混合，制成水泥砂浆。
3. 将水泥砂浆铺在施工区域地面上并抹平，等待 2 ～ 3 天让施工面干燥。
4. 在地砖背面抹上黏合剂，铺上地砖，并轻敲地砖直至紧贴地面。
5. 用湿海绵将多余的黏合剂擦拭干净，隔日再用填缝剂将地砖间的缝隙填满。

地砖施工重点

重点 1：地砖尺寸对应施工方法

地砖在尺寸上有相当多的选择，不同尺寸的地砖施工时需要采用不同的施工方法，可以简单分为软底施工、硬底施工。采用软底施工的地砖尺寸最好小于 50 cm × 50 cm，硬底施工则适合吸水率较高且尺寸不太大的地砖。

重点 2：挑选适合的地砖黏合剂

过去铺贴地砖时，多以水泥砂浆作为地砖的黏合剂。现在材料有所发展，建议使用益胶泥或其他黏合剂，不仅能提高地砖与水泥砂浆面的结合度，还可避免日后膨胀起拱。

重点 3：注意纹理方向

地砖的表面一般会有纹理，在进行铺贴时，为了让完工后的效果更为美观，除了需要特别对花的地砖，也应注意其他地砖的纹理方向，避免因花纹方向不一致而显得杂乱。

重点 4：瓷砖和地砖铺贴顺序

瓷砖和地砖常铺贴于墙面与地面，建议先贴墙面再铺地面，因为刚铺好的地砖需要经过 2 ～ 3 天凝固才能踩压，先铺地面会影响后续工程的进度。墙面较地面施工工期长，且瓷砖黏合剂及其他污物可能在施工时滴落，后续还需清理地面。

重点 5：预留泄水坡

厨房、卫生间、阳台等需要用水的区域，一定要做泄水坡。铺设地砖时，要注意如果采用硬底施工，一旦确定泄水坡度，后续便无法再调整。若泄水坡度没抓准，地砖铺贴上去后，很容易出现高低不平的情况。

水泥地面施工流程

步骤 \1/	步骤 \2/	步骤 \3/
确认地面状况	清洁施工区域	淋湿施工区域
测量地面基准线或墙面水平线。	将施工区域中的凸起物去除。	将施工区浇水淋湿。

水泥地面施工重点

重点 1：粗坯打底要确实整平地面

粗坯打底是水泥粉光（编者注：水泥粉光指以水泥为底料，表面加粉刷的一种处理方法）的基础，若想要水泥粉光的地面看起来平整漂亮，就要把粗底做好。如果没有打好粗底，地面就会呈现波浪状，后续无法再做修补，因此在打粗底时，一定要将地面所有凹凸不平的地方都做好整平、填补。

重点 2：水泥砂浆比例要对

水泥地面施工时，会在粗坯打底和表面粉光时使用水泥砂浆。粗坯打底时水泥和砂的比例为 1∶3；而在进行表面粉光时，砂越细越能呈现如丝般顺滑的表面，因此要先用网筛过滤掉颗粒较大的砂粒。

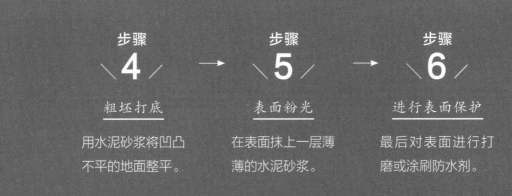

重点 3：水泥砂浆需要养护期

当表面水泥粉光完成后，接下来就是静待水泥砂浆自然干燥。等待过程中要浇水做养护，因为一旦缺水太快，水泥砂浆表面可能会因失去水分而产生裂缝。其中前 7 天的保湿、保温等养护措施特别重要，整体养护天数通常为 14 ~ 21 天。

重点 4：表面保护

有时为了防止表面龟裂和方便日后清理，会在地面水泥粉光完成后，铺一层环氧树脂或防水剂。铺环氧树脂时若厚度不一，颜色会有深浅差异，施工时要特别注意。

实例应用

空间设计及图片提供：欣琦翔设计有限公司 C.H.I. Design Studio

手工铺设水泥地面，更显自然

全屋以艺术水泥铺设，地面无接缝的效果让客餐厅更显开阔。水泥本身中性灰的色调为空间注入了沉稳宁静的氛围。为了让空间更显生动，水泥地面的施工多达七八道复杂工序，并用手工抹面打造深浅晕染的效果，以呼应窗外的自然美景。若采用这种方法做地面，为了确保效果，可以事先做好样品再进行施工。做好后，表面再涂刷防护漆，能防刮、不起砂，可有效保护地面，后期维护也更容易。

空间设计及图片提供：拾隅空间设计

花砖嵌入木地板，更显平整利落

业主偏好清新淡雅色系，全屋以白色、浅灰色为主色。为了避免空间过于单调，阳台以花砖铺设，特地选用简约的几何造型，不过于花哨的图案符合清新的风格。很多老房地面高度不统一，需要先重铺水泥砂浆，把地面高度调整到一致，再铺设花砖与木地板。本案例两者衔接处没有放收边条，而是事先计算好高度，再将花砖嵌入木地板，让地面更显平整利落。

鱼骨拼花纹地板，
打造复古氛围

　　为了打造英伦风格空间，选用带有鱼骨拼花纹的实木复合地板，覆盖了原本的水磨石地面，营造一种复古韵味。地板有着深浅木纹的图案，让视觉效果更为立体、不呆板。50 cm×90 cm 的长方形地板以卡扣拼接，由于老房空间并不方正，木地板距离墙面的缝隙宽窄不一，采用硅胶收边，更方便快速。

空间设计及图片提供：一它设计

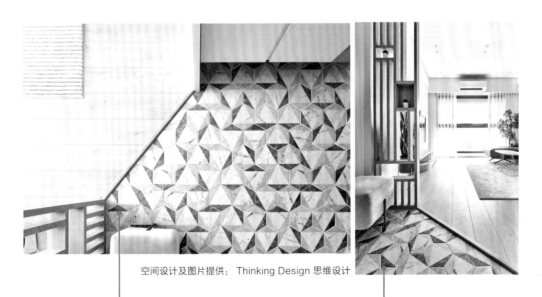

空间设计及图片提供：Thinking Design 思维设计

斜切木地板，扩大玄关范围

　　玄关地面铺贴复古花砖，室内则使用木地板。木地板从木格栅处切出斜边，可有效界定区域，尽可能让出更多空间给玄关使用，视觉上也不显呆板。地面的施工顺序为先铺地砖，再铺木地板，两者交界处用收边条收整齐，让线条更干净利落。

空间设计及图片提供：Thinking Design 思维设计

地面抬高 12 cm，书房兼做儿童游戏区

考虑到房主有在家工作的需求，再加上家里有孩子，便利用架高地板划分出书房空间，同时也能当作小朋友的游戏区，地面抬高的设计能略微降低玩乐时踩踏的声音。若有客人来访，只需要铺上床垫，就能当作临时客房来使用。地板抬高 12 cm，正好是一个阶梯的高度，方便抬腿。

空间设计及图片提供：欣琦翊设计有限公司 C.H.I. Design Studio

用水泥地砖打造实用玄关

为了打造实用兼具设计感的玄关，采用了具有水泥粉光质感的地砖，其中性色调奠定了空间的沉稳基调。选用表面质地粗糙的地砖，不仅方便维护、保养和清理，也能强化隔绝落尘的效果。室内铺设了有特殊木节纹理的胡桃木地板，自然清新的风格正好与周围景观相呼应。木地板与地砖有着 2.5 cm 的高度差，能有效隔水隔尘，同时拉出弧线造型，柔化空间线条。

空间设计及图片提供：欣琦翊设计有限公司 C.H.I. Design Studio

不锈钢条能有效固定圆弧水磨石地面

就地取材，选用当地水磨石材质铺设地面，与周围环境相呼应。而在水泥灰的质朴色调中，特地选用粉红、橘红等色彩，增添缤纷多彩的跳色，令水磨石地面在视觉上更显活泼生动。水磨石地面用特别定制的不锈钢条收边，遇热不易变软，拉出的圆弧造型也不会变形，能够有效固定塑形，同时与胡桃木地板进行拼接，胡桃木自带明显木节的纹理，让空间更显清新自然。

空间设计及图片提供：欣琦翊设计有限公司 C.H.I. Design Studio

墙地瓷砖对花对缝，视觉上更连贯

卫生间采用全白瓷砖铺设，为了视觉上不会过于单调，选用复古花砖从洗手台地面铺至淋浴间。净白的空间中，色彩丰富的花砖更加凸显，形成抢眼的视觉重心。为了强调墙面与地面间的连续性，墙地交界处特别注重对花、对缝，让花色、砖缝对齐，视觉上更连贯。

问答

问题 1

小尺寸地砖会比大尺寸地砖省钱吗？

地砖是家居装修常用的材料，砖材的大小、种类、材质都可能影响费用。

空间设计及图片提供：Thinking Design 思维设计

　　挑选地砖时，除了产地、品牌、材质、尺寸会影响价格外，后续的施工以及使用量，也会对最终的费用产生影响。因此业主不应单以材料的价格作为选用标准，而是要连同施工与使用数量一并考量。

　　就施工来说，工人的施工费用是以地砖大小来计价的，地砖太大或太小，费用通常都比较高，因此建议最好使用常规尺寸的地砖。如果使用马赛克砖，可能还需要设计图案，那样费用会更高。

　　另外，地砖以数量计价，空间则是以平方米为单位，地砖商家多有专门的换算方式来协助计价，请商家计算后告知即可。大致来说，比起小尺寸砖，选用大尺寸砖的费用会更高，但由于地砖计价除了使用数量外，使用的地砖种类、尺寸大小、应用空间及施工难易度等都会影响最终费用，所以要一并考量才能得到更精准的费用评估。

问题 2

想换新地砖和瓷砖，一定要拆除原来的地砖和瓷砖吗？

不论地面还是墙面，虽然费用可能会因此增加，但仍建议拆到见底再铺设地砖和瓷砖。拿墙面来说，瓷砖表面光滑，且难免会有高低差。如果不拆除原来的瓷砖而直接贴覆新瓷砖，工人仍会先刮腻子，再使用黏合剂黏合新瓷砖，等使用时间久了，瓷砖可能会因黏结力不足而掉落，若是原始瓷砖本就有起拱的问题，就更容易导致新瓷砖掉落。而且直接在旧地砖或瓷砖上贴覆新的地砖或瓷砖，地面或墙面厚度会增加，地面高度可能会因此高于门框、门槛，让门无法顺利开合。一般来说，建议拆到见底，特别是老房子，因为房屋使用已久，虽说墙面、地面可能并未出现渗水的情况，但房子有可能因为各种原因产生裂缝，导致防水层被破坏，尤其是卫生间、厨房等用水区域，拆至见底不但可以确保新贴瓷砖、地砖的平整度，还可借此机会检查原始墙面和地面的状况，确认是否有渗水的问题。若出现渗水现象，便可在此时一并处理，不至于装修完成后才发现问题，又要拆掉重做。

空间设计及图片提供，ST DESIGN STUDIO

铺贴地砖、瓷砖建议拆至见底，如此才能确保新贴地砖、瓷砖的平整度，减少踩踏碎裂情况的发生。

问题 3

地面材料怎么挑选？

随着时代的进步以及家居审美的改变，现今应用在家居空间中的地面材料，有常见的地砖、木地板，有广受欢迎的水泥粉光，以及从水泥粉光中衍生出的磐多魔之类的替代材料。越来越多的材质可供选择，但如何才能从众多材料中挑选出适合自己的材料呢？建议以风格和需求作为挑选的标准。

首先，要了解自己的家居风格，若是想呈现日式风、北欧风这类较为温馨且明亮的空间效果，适合选用木地板。木地板不只给人的触感温馨，还能利用深浅木色进一步表现出更多的氛围变化。不过普通木地板防潮性较差，若对防潮性有要求的话，可选择实木复合地板。如果是在意清洁保养且家中饲养宠物的家庭，建议使用地砖类材料，虽说触感有些冰冷，但清洁保养相对容易，而且除了花纹、尺寸有多种选择外，还有仿大理石、仿木纹等款式，可以实现更多的视觉变化。对于喜欢工业风的人，则适合使用水泥粉光地面，因其可以呈现出材料的原始质感。若担心水泥粉光有龟裂、起砂的问题，则可以改用磐多魔。

不同地面材料的比较

项目	木地板	地砖	水泥粉光	涂料
特色	可营造家居空间的温馨感，触感温润	有多种花色、尺寸可供挑选，还有雾面、亮面可供选择，清洁保养简单	可呈现独特的空间风格，地面无接缝，清理方便，但会龟裂、起砂	常用于地面的涂料如磐多魔，施工快速，但不耐刮
铺设区域	适合铺设于客厅、卧室，不适合铺设在潮湿区域	室内、室外皆适合铺设	室内、室外皆适合铺设	不适合铺设在潮湿区域
适合施工面	水泥地面、地砖	水泥地面	混凝土地面、砖墙、砌块墙面	水泥地面、地砖、木材表面

实木地板、实木复合地板差别在哪里？木地板该怎么挑？

木地板的种类五花八门，除因木材种类不同而有纹路、色泽的差异之外，不同木地板的制作方法和功能需求也有所不同。比如有实木地板、实木复合地板等，此外还有木塑地板等。木塑地板多用于户外空间，这里不多做介绍了。

实木地板吸声与隔声效果最佳，但因天然木材的大小不同，裁出的木地板多有尺寸不一的问题，保养较难，也容易出现出害。实木复合地板是在松木复合板上贴上不同的美耐板（一种表面装饰材料），质量稳定，防刮且易于清洁，安装时使用卡扣拼接，不需打钉或上胶，可保护原有的地面。

施工时建议实木地板使用平铺方式，实木复合地板使用直铺方式。但当地面不平整时，实木复合地板也须平铺。平铺和直铺木地板前都需要先铺上防潮垫与隔声垫，且须额外再增加一片 12 mm 厚的夹板。

空间设计及图片提供：拾隅空间设计

木地板是受到大众喜爱的家居装修材料，除了用于地面，还可延伸至墙面甚至顶面。

问题—5

水泥粉光和磐多魔相比，有哪些不同？

近几年水泥粉光渐渐成为家居装修中很受大众欢迎的材料之一，但由于水泥有龟裂、起砂的问题，因此市面上出现了许多可以呈现水泥质感，却没有龟裂、起砂问题的材料，其中广为人知并使用的一种就是磐多魔。

磐多魔是由德国公司研发出来的创意地面装修材质，可以呈现出和水泥粉光一样无接缝的地面效果。虽说不会龟裂、起砂，但不耐刮、不抗压、会吃色等问题的存在，让人使用时仍需小心。磐多魔有多种颜色可供选择，多数人选用灰色来达到取代水泥粉光的目的。

施工时，水泥粉光看似简单，但要想呈现出好看的地面效果，施工细节就要颇为讲究。水泥粉光的施工比较依赖工人的手艺，最后每家做出来的效果绝对是独一无二的，而且完成后不用特别小心维护。相对来说，磐多魔施工期短，大约只需 7 天就可完工。和水泥粉光相比，磐多魔虽然施工上比较占优势，但费用上要高出水泥粉光许多，而且使用时需要多加注意，还要定期保养。若预算有限，或是有小孩、宠物的家庭，可能需要多加考量。

空间设计及图片提供：ST DESIGN STUDIO

水泥粉光、磐多魔的比较

项目	水泥粉光	磐多魔
硬度	强	中等
耐刮度	强	中等
价格	低	高
施工时间	约 1 个月（含养护时间）	约 7 天
后续保养	不需特别保养	需定期保养

水泥粉光是近几年很受欢迎的材质，可赋予空间独特的个性，日常使用时也无须小心翼翼。

问题—6

大理石地面看起来很高级，但适合所有家庭吗？

大理石的天然纹理不只美观，还能提升整体空间的大气感、高级感，因此在进行家居装修时，许多人都喜欢使用大理石地面。但相较于其他材质如地砖、木地板等，大理石地面在保养上需要稍加注意。这是因为，大理石是天然石材，具有毛细孔，若有脏污而又没有立刻擦拭，石材便会吃色，表面会出现污渍。此外，为了维持大理石美丽的纹理色泽，还需要定期保养。

大理石虽然好看，但由于需要特别照顾，因此更加适合饭店、豪宅这种可以请专人进行清洁保养的空间，一般家居空间若想用在地面上，可以选用大理石地板砖作为代替。若是想在台面上使用，建议挑选硬度高、吸水率低的大理石种类。

问题—7

地砖为什么会突然爆裂、隆起？

出现这种问题，通常是因为温度变化大，热胀冷缩导致地砖突然隆起并爆裂。造成隆起的原因大概有两个：一是地砖间的缝隙预留不足，有时为了视觉上的美观，施工时会缩小缝隙，如此一来预留的空间不足，地砖便会因热胀冷缩而隆起；二是水泥、砂的比例没有拿捏好，导致水泥砂浆黏结力不足，遇到气温剧烈变化时地砖便容易隆起、裂开。

遇到地砖隆起爆裂的情况，修补时首先要确认是否要留下地砖。若不留地砖，则需要将隆起和没隆起的地砖全部清除，重新铺贴；若想留下原始地砖，则只需清除隆起的地砖，然后重新铺贴便可，这样比较简单、快速，但缺点是其余地砖也可能会发生爆裂、隆起的问题。

问题—8

木地板铺完后，为什么踩起来会有声音？如何减少踩踏地板产生的噪声？

实木复合地板虽然不像实木地板一样由天然木材直接加工而成，但仍然部分使用了天然木材，因此和天然木材一样也有毛细孔，且会有吸水膨胀的问题。因此在铺设木地板时，墙面和地板之间、板材和板材之间都要预留缝隙，以预防日后木地板因气候变化而热胀冷缩，板材互相推挤，导致踩踏时发出噪声。

除此之外，若铺设的地面有高低差，不够平整，也会导致木地板在踩踏时发出声音。这通常是因为重新铺设时没有完全拆至见底，甚至木地板就是直接铺在了地砖上。解决方法就是整平地面，减少高低差。

除了从施工方面尽量避免出现这种问题，选择板材时也要加以考虑。特别是潮湿地区，在一开始选择木地板时，应该选择膨胀系数较小的木地板，以减少地板因受气候影响而发生热胀冷缩的可能，从而降低踩踏时发出声音的概率。几种木质板材中，实木地板含水量最高，膨胀系数也最高，实木复合地板相对低一些。

问题—9

地面采用水泥粉光会比较便宜吗？

地面采用水泥粉光在费用上确实会比较便宜，因为只需要打至见底，然后直接铺设水泥砂浆然后做粉光即可，后续不需再铺贴地砖、木地板等材料，可同时省下人工费和材料费，整体费用自然比较便宜。要特别注意的是水泥粉光的计价方式，计价单位多为平方米，其中材料费和人工费通常是分开计算的，有时还会因表层需要做打磨或其他处理而产生费用的变化。

问题 10

如何挑对适合自家风格的木地板？

选择木地板，通常是希望空间呈现温暖的风格，然而木地板的纹路、颜色、尺寸均会影响施工完成后的观感。因此，除了从材质方面挑选外，还可以根据两个重点来挑选。

首先，可以从木地板的纹理与色泽来挑选。小户型空间建议挑选浅木色且纹理多呈单一直线状的板材。这是因为浅色可以放大空间感，较单纯的纹理则可避免视觉上太过杂乱。深色木地板比较适合大空间，可以为空间带来沉稳、温馨的感受，也很适合搭配纹理鲜明的板材，从而丰富空间元素。木地板有宽窄之分，较长较宽的板材可以呈现空间放大的视觉效果和大气感，较短较窄的板材则在视觉效果上更为丰富。

其次，影响视觉效果的还有木地板的铺贴方式，最常见的是错缝拼贴（比如 1/2 拼、1/3 拼等）和平贴，这类贴法最简单。若想地板多些变化，还可采用人字拼、田字拼、鱼骨拼等方式，这些拼法会让地板形成特殊图案，丰富空间视觉效果，但比较费工、费料。

采用人字拼贴出的地板完成面极具视觉效果，虽说比较耗费材料，但随着相应家居风格的盛行，这种拼法逐渐受到了人们的欢迎。

3
墙面

隔墙可以用来区隔空间，随着时间推移，轻质隔墙渐渐取代了过去常见的砖墙、钢筋混凝土墙，成为最普遍的隔间方式。究竟其中有何差异？轻质隔墙真的比较好吗？本章将详解各种隔墙的优劣，并分析施工重点。

空间设计及图片提供：构设计

空间设计及图片提供：Thinking Design 思维设计

拆之前先了解墙的功能，有些墙就是不能少

　　墙体可以分割空间，划分不同生活区域，有些墙体更是承载了建筑物的重量。然而现今生活方式发生了改变，很多业主倾向于拆除隔墙，打造更便于亲人互动的开放式格局，却忽略了有些墙不能拆除，甚至不能变更外形。若强行变更、拆除，可能会导致建筑物抗震性能降低，甚至会有倒塌的危险。因此，了解墙体功能与其重要性，是变更空间格局时的重点。

空间设计及图片提供：拾隅空间设计

常见装修用语

· 轻质隔墙

其前身是木隔墙。轻质隔墙以质量较轻的轻钢龙骨作为隔墙骨架，再用板材拼接成隔墙。轻质隔墙具有良好的防火性能，且施工迅速、比较环保，近几年来成为普遍采用的室内隔墙工法之一。

· 隔声量

用来衡量墙的隔声效果，单位为分贝（dB），比如钢筋混凝土墙的隔声量约为 50 dB。隔声效果的优劣与隔墙材质有关，就几种常见隔墙的隔声效果来看，钢筋混凝土墙最好，其次为砖墙，最后是轻质隔墙和木隔墙。

· 隔声棉

一种用来填充在轻质隔墙或木隔墙里面，增强隔声效果的材料，通常兼具防火、防水、保温、隔热的功能。隔声棉的隔声效果可以通过密度来判断，其单位为千克每立方米（kg/m³），密度越高，隔声效果越好。

隔墙形式

形式 1. 实体隔墙

这是最常见的一种隔墙，用来区隔不同功能属性的空间。隔墙完成后，多会用油漆、壁纸等进行表面装饰。除了传统的砖墙、钢筋混凝土墙之外，还可以采用家居装修中较为常见的轻质隔墙。轻质隔墙施工快，不易污染施工现场，价格也相对便宜。

空间设计及图片提供：构设计

形式 2. 半隔墙

空间设计及图片提供：ST DESIGN STUDIO

当业主希望做出区隔，又想维持空间的开阔感时，大多会采用半隔墙的形式，也就是不将隔墙做到顶。这类隔墙通常会被赋予另外的功能，比如电视墙、沙发背景墙等，高度一般会做到约100 cm。另一种做法是在隔墙上半部采用玻璃材质，借此保留开阔感，又比单纯的半隔墙多了一点私密性。

形式 3. 玻璃隔墙

在人口密集的都市，住宅空间通常不大，且采光不足。为了改善这些问题，可以采用清透的玻璃作为隔墙材质。为了居家安全着想，最好选用安全性能较好的钢化玻璃；想加强私密性，则可采用夹绢玻璃、长虹玻璃来遮挡视线。另外，也有用玻璃推拉门的形式取代隔墙的做法，以此增加空间的使用弹性。

空间设计及图片提供：ST DESIGN STUDIO

装修材料

在挑选隔墙材料时，除了要考虑价格外，关乎居家安全与舒适性的防火、防潮等特性也是不可忽略的重点。

材料 1. 轻钢龙骨

轻钢龙骨是以连续热镀锌板带为原材料，经冷弯工艺轧制而成的建筑用金属骨架，具有重量轻、强度高、防水、防尘、耐火、防震等功效，还具有工期短、施工简便等优点。

材料 2. 板材

隔墙上常用的板材有氧化镁板、石膏板、硅酸钙板、纤维板、纤维水泥板及木丝纤维水泥板等。每种板材的隔声、防水、防火、保温、隔热等性能都略有不同，可依需求选用。

材料 3. 轻体砖

轻体砖是用于砌筑轻质隔墙的一种建材，常见品种有黏土空心砖、黏土多孔砖、陶粒空心砖、蒸压加气混凝土砖等。轻体砖的重量比混凝土和红砖轻，价格低且施工迅速。

材料 4. 玻璃

玻璃应用广泛，种类丰富，可根据想要呈现的空间感与效果来选用。其中清玻璃最具通透感，可有效弱化隔墙带来的封闭感；钢化玻璃的安全性最高；夹绢玻璃、长虹玻璃则兼具通透感与私密性。

材料 5. 隔声毡

隔声毡是一种具有一定柔性的高密度卷材，放置在轻质隔墙里用来加强隔声效果，厚度有 1.2 mm、2 mm、3 mm 等多种类型，隔声效果由其厚度决定，隔声毡越厚，隔声效果越好。另外它还具备防火、防水的特性，搭配隔声板材使用效果会更好。

轻质隔墙施工流程

步骤

\ **1** /

清洁施工面

施工位置需先行清洁。

↓

步骤

\ **2** /

放样

依照设计图现场放样，确认是否与图面有差异。

↓

步骤

\ **3** /

组成墙体骨架

用轻钢龙骨、木龙骨等材料组成隔墙的基础骨架。

— 轻钢龙骨干式隔墙 —	— 陶粒板隔墙 —	— 木隔墙 —
1. 封板固定前可视需求置入有隔声、防火效果的岩棉、玻璃棉等。 2. 表面刮腻子并用砂纸打磨，确认平整且干燥后，再进行刷涂料、贴壁纸等作业。 — 轻钢龙骨湿式隔墙 — 1. 封板固定并开孔。 2. 从孔洞灌入轻质混凝土，并将多余的材料清理干净。 3. 灌浆完成后，在表面刮腻子、刷涂料等。	1. 陶粒板组装固定于上下钢槽。 2. 用角尺等工具找到水平角度，调整并固定板材。 3. 在板材接缝处注入专用黏结剂，并粘贴嵌缝带。 4. 完成后即可刮腻子、刷涂料或贴瓷砖。	1. 封板固定前可视需求置入隔声棉。 2. 骨架涂胶与钉枪配合，对基础骨架加以固定，并封上面板。

轻质隔墙施工重点

重点 1：等轻质混凝土彻底干燥

湿式隔墙在灌浆完成后，墙内的轻质混凝土约需一周才会干燥。待一周后要先确认是否完全干燥，之后才能进行敲击、刮腻子以及刷涂料等工序。如果轻质混凝土还没干透就进行敲打，会导致墙体开裂。

重点 2：配线布管预先做好

轻质隔墙一般会有双面封板的工程，第二面板材封板结束即表示隔墙要完成了，因此在封板前需要做好水电工程配线布管的工作。若是采用干式隔墙的工法，此时还要确认是否置入隔声棉等材料。

重点 3：预留出线的位置

由于水电管线最后会被封在轻质隔墙里面，因此在第二面板材封板前，要记得事先框出插座等水电线路出线的位置，方便后续施工。

重点 4：大尺寸材料搬运时需谨慎

陶粒板一般是在工厂事先裁切好的，相较于其他隔墙板材来说尺寸略大，采用此种隔墙材料时，在搬运过程中要注意不能磕碰。

重点 5：使用防潮龙骨

木隔墙虽然有缺点，但仍有不少人装修时选择使用。针对木材易生虫害、不耐潮的问题，可以选用耐虫害且耐潮的防腐木龙骨，取代过去的木龙骨，但在相对潮湿的环境中，防腐木龙骨也会因受潮而变形。

轻体砖隔墙施工流程

步骤 **1**		步骤 **2**		步骤 **3**	
准备专用黏合剂	→	放样	→	裁切砖块	→
准备砌墙专用黏合剂。		依照设计图在现场放样，以便后续砌墙。		将轻体砖依照现场墙面的尺寸裁切成适当大小。	

轻体砖隔墙施工重点

重点 1：采用黏合性佳的水泥砂浆

砌墙时，砖和砖之间需依靠水泥砂浆来黏结，然后慢慢砌成一个墙面。在使用水泥砂浆时，用量不可过于节省，以免黏性不足。另外，要采用黏合性能比较好的水泥砂浆，避免因黏合性能欠佳而导致墙面完成后，砖体交接处出现开裂的问题。

重点 2：固定卡件不能省

在砖材逐渐被砌成一面墙时，砖和砖之间除了会用黏合剂黏结外，工人还会在两块砖之间使用卡件进行固定。虽然这只是一个小动作，但若省略或忽视，可能会导致砖墙在完成后出现裂痕。

步骤
4
砌墙
将裁切好的轻体砖砌筑成墙，并使用水平工具辅助测量。

步骤
5
填缝
在墙面连接处补土、刮腻子，再将墙面涂抹平整。

步骤
6
装饰面处理
最后修饰墙面，并进行粉刷或粘贴壁纸等作业。

重点 3：干燥前避免碰撞

当轻体砖墙完成砌筑后，黏结砖体的黏合剂一时还不会完全干燥。在等待干燥期间，应小心避免碰撞，因为此时砖墙还不稳固，若受到外力碰撞很容易歪斜。通常约 24 小时之后，才能进行后续的表面装饰作业。

空间设计及图片提供：一它设计

空间设计及图片提供：Thinking Design 思维设计

以石皮、石板装饰墙面，以干挂大理石工法施工

在沉稳现代的家居风格中，电视墙面选用深灰色的石板来拼接，局部点缀同色系的石皮，展现原始粗犷、自然朴实的格调。墙面事先进行了石材分割规划，确认施工位置。因为石板与石皮较为厚重，需安排固定挂件，所以以干挂大理石工法进行施工。整片石皮本身的厚度并不一致，因此在干挂过程中，采用了上厚下薄的方式，以免石皮过于突出而发生碰撞。视听设备的收纳层板则在表面贴覆以薄片石材，延续自然的石材元素，让整体视觉效果更统一。

在圆拱电视墙中嵌入灯带，打造向内倾斜样式，增强空间立体感

在英伦风格的空间中，客厅电视墙采用圆拱设计，打造复古质感。利用曲板弯出造型再做出向内倾斜的样式，让拱形更有立体感。边缘特地做出灯带洗墙效果，打造如同壁炉般的温暖氛围。为了增强墙面对电视机的承重能力，内层安排了密集的龙骨，同时墙面选用 8 mm 厚的板材，这一厚度足以让螺丝锁紧不易掉落。在隔墙表面涂刷极具质感的硅藻泥，顺序是先涂底漆，再上硅藻泥，底漆的作用在于避免木料本身的油脂露出。

空间设计及图片提供：拾隅空间设计

用铁艺装饰件、白橡木勾勒出几何线条

业主有收集老玻璃的习惯，于是整体风格以复古元素为核心，先将原本内凹的餐厅墙面向外推，搭配大型圆镜，并用黑色铁艺装饰件勾勒，展现利落的几何线条，同时铺设白橡木，增添暖意。儿童房与厨房的门采用相同元素，以延伸视觉感，形成整齐利落的完整立面。为了有效固定铁艺装饰件，可先用螺钉将其锁在墙面上，再以焊接的方式将整个铁艺装饰件固定在铁框上，从而有助于承重。

空间设计及图片提供：欣琦翊设计有限公司 C.H.I. Design Studio

空间设计及图片提供：一它设计

墙角处拉出圆弧造型，巧妙藏柱

电视墙角处用曲板拉出圆弧造型，巧妙藏柱，也能顺势将窗帘藏进来，优雅的弧线为空间勾勒出柔和的氛围。墙面涂刷硅藻泥，展现如云朵般的深浅纹理，增添沉稳的质朴气息。墙面板材采用交错拼接的方式，让视觉错落，更显丰富，同时还巧妙隐藏了配电箱与维修口，采用按压式开关，方便开启。电视柜顺着墙面从玄关一路延伸到窗下，既能在玄关当穿鞋椅，又能在客厅收纳视听设备，还可作为飘窗的窗台使用，不但一物多用，而且兼顾美观。

艺术漆手工渲染，打造如云朵般的纹理

　　住宅坐落在半山腰，窗外时常云雾缭绕。住宅空间中除了用水泥地面展现云雾般的深浅纹理外，餐厅墙面使用艺术漆涂刷，且特意采用上深下浅的设计，用手工层层渲染，涂刷出各种灰色，打造如自然云雾般的不规则渐层，与户外环境相呼应，使地面与墙面形成统一的视觉效果。餐厅一侧的衣帽间入口安装了玻璃折叠门，这种门可以全部收在墙的一侧，从而打造一个弹性隔间，这样的设计能够有效维持空间整体的开阔视野。

空间设计及图片提供：拾隅空间设计

复式墙面内藏光源与线路，实用又美观

　　一入大门便是客厅，在过道宽度不足的情况下，客厅电视墙采用复式墙面，既增添了视觉的层次感，又起到了划分空间的作用，从而在视觉上维持了过道的宽度。复式墙面保留 8 cm 的深度，内藏间接光源，巧妙地用光带勾勒出线条。墙面还隐藏了视听设备的线路，在兼具实用功能的同时注入了时尚质感。利落的几何线条搭配中性的灰色调，表面涂刷仿清水混凝土漆，通过富有质感的纹理与深浅灰色映衬，展现一种冷调的气质。

空间设计及图片提供：Thinking Design 思维设计

空间设计及图片提供：一它设计

转角处修圆，让出收纳与餐桌空间

　　为了增加主卧的收纳空间，并安置业主想要的餐厅圆桌，餐厅墙面利用曲板拉出圆弧，从而将部分餐厅空间让给主卧，也安排出了放置圆桌的位置。墙上的金属搁板顺应曲面做成了圆弧造型，保留了足够的深度来收纳茶具。墙面内部留出空间嵌入并固定搁板，表面再覆盖面材，增强支撑力的同时，也打造出搁板悬浮纤薄的视觉效果，整体更显干净利落。主卧与卫生间之间的墙面延伸出斜切的内凹墙面，与餐厅拉长墙面连在一起，并嵌入灯带刻画线条，打造流畅的线性动感。

玻璃半隔墙既保护私密性，又显空间开阔

拆除原本封闭的卧室隔墙，改以通透的玻璃半隔墙，既保留了私密性，又增强了空间的开阔感。面向客厅的一面是电视墙，面向书房的一面则打造成工作桌，100 cm 高的半隔墙设计能有效遮挡视线，不论是在客厅坐着看电视，还是在书房工作，都能互相不打扰对方。隔墙上半部分采用钢化玻璃材质，木质半墙与顶面事先留出沟槽，方便嵌入玻璃，然后再填上硅胶固定。隔墙下半部分的设计也不马虎，在电视墙右侧与下方安排了收纳柜与收纳格，用来放置视听设备。

空间设计及图片提供：Thinking Design 思维设计

吸声板墙面设计成圆角，视觉上不尖锐

在原本开放的玄关与餐厅之间打造圆角短墙，在界定玄关范围的同时，也能作为利落的端景。墙面的边角采用圆弧造型，避免过道给人过于尖锐的感觉。墙面材质选用吸声板并漆以白色，与空间整体色调统一。吸声板自带的直条造型能呈现如格栅屏风般的视觉效果，下方再贴覆纯白的踢脚线作为分界，不仅能有效防污，也增添了视觉变化感。短墙与柜体所在墙面留有 20 cm 的距离，方便柜体开启，也保持了敞开不封闭的空间感。

空间设计及图片提供：Thinking Design 思维设计

空间设计及图片提供：构设计

利用线性分割设计
模糊墙面界线

　　为了改善厨房动线，将厨房的门向左调整，如此一来电视墙的宽度只剩下 200 cm，显得有些局促。因此墙面采用线性分割设计，再涂刷清水混凝土漆，让墙面不只视觉效果突出，更有着独特个性，还能借此弱化门的存在感，达到延伸墙面的目的，成功获得视觉上的和谐与平衡。

嵌入长虹玻璃，通透引光

在原本开放的玄关与餐厅中打造隔墙，不仅能划分空间，也能避免进门直视餐桌的尴尬。在面向玄关的一侧设计收纳（编者注：左图是从餐厅一侧望向玄关，因此看不到收纳设计），而在入门的轴线上则以长虹玻璃进行区隔，在维持通透开阔感的同时，也有助于模糊焦点。玻璃四周以铁艺装饰件勾勒出框架，留出沟槽，方便玻璃嵌入固定。墙面延用玄关的藕灰色，不仅延伸了整体空间的视觉感受，也令其成为餐厅绝佳的端景墙。

空间设计及图片提供：欣琦翊设计有限公司 C.H.I. Design Studio

湖水绿瓷砖呼应户外环境，凸显视觉焦点

卫生间以"水"为设计灵感，整体墙面铺贴了大面积的黑色瓷砖，并选用湖水绿的釉面瓷砖打造主题墙，巧妙地与窗外的景观相呼应，有效串联自然环境，引景入室，打造宁静氛围。黑色瓷砖与湖水绿瓷砖以 3：1 的比例铺贴，借此凸显视觉焦点，黑色瓷砖 60 cm 见方的方正尺寸能减少砖缝，方便清洁。卫生间入口采用木质门，为空间增添温润质感，推拉门设计让墙面更显利落干净。

问题 1

小户型怎么区隔才能让空间没有封闭感，且能弹性使用？

想将一个空间划分成多个区域，最快也最常见的方法就是利用隔墙做出隔间。但隔间过多的话，难免会让人感到封闭，而且若是小户型，使用空间更容易因隔间过多而变得太过零碎，住起来会感到不舒适。为了实现小空间多用途，以及视觉上有延伸放大的效果，小户型的隔间大致可以有以下几种隔墙做法：

1. 半隔墙。为了照顾空间的使用弹性，可以不将隔墙做满，采取只做半隔墙的方式来区隔空间，同时也可将其作为沙发背景墙。还可以搭配玻璃材质做出变化，如在隔墙的上半部分采用玻璃材质，让视线通透，但又比半隔墙多了一点私密性。

2. 玻璃隔墙。使用玻璃隔墙可完全消除实体隔墙的封闭感，若不想使用透视感过强的普通玻璃，可以根据希望呈现的透视效果选择长虹玻璃、喷砂玻璃等，从而降低透视感，但仍有延伸视线、放大空间的效果。

3. 推拉门、折叠门等。户型越小越要注重空间的使用灵活度，可以考虑使用活动性较强的推拉门、折叠门等作为弹性隔墙。比如折叠门，平常可以全部收起来，展现空间的开阔感；需要时再将门关上，便能隔出独立的空间。总之，这类门的使用极具弹性，可为小空间制造更多变化。

空间设计及图片提供：□的设计

采用双开式旋转门设计，让空间使用更加灵活，很适合空间不足的小户型。

问题 2

想要打掉隔墙，如何判断隔墙能不能拆？

　　墙体是支撑建筑的重要结构，有些墙体若是拆除，将会严重影响整个建筑物的稳定性。因此若没有专业人士协助，不建议轻易拆除墙体。下面列出几种绝对不能拆除的墙体：

　　1. 承重墙。承重墙是以墙身支撑建筑的结构体，不仅不能拆除，最好也不要任意变形或在墙上挖洞。这类墙体由于承载了建筑的垂直重量，因此多为承重力较好的钢筋混凝土墙，墙身厚度一般在 24 cm 以上。想知道墙体是否为承重墙，可从敲打声音来判断，钢筋混凝土墙在敲打时通常不会有比较空的声音。

　　2. 剪力墙。剪力墙是建筑的结构体之一，多是钢筋混凝土墙，墙身厚度一般在 16 cm 以上，主要功能在于提升建筑的抗震性能。若是拆掉剪力墙，那么建筑物的抗震性能将会降低。

　　3. 配重墙。室内空间与阳台之间常有门窗设计，而窗户下面的那道墙也属于不能拆的墙，这种墙叫作"配重墙"，用来平衡阳台的重量。

问题 3

轻质隔墙的隔声效果怎么样？

　　轻质隔墙施工快速又价格便宜，隔声效果却一直为人所诟病。首先应该要有一个认知，隔墙的主要功用是区隔空间而非隔声。其次，不同隔墙会有隔声效果的优劣，这是因为使用的材质不同，砖墙、钢筋混凝土墙的隔声效果最好，木隔墙和轻质隔墙虽然也可以隔绝部分噪声，但效果不如砖墙和钢筋混凝土墙。如果真的很在意隔声效果，应该采用砖墙、钢筋混凝土墙。

　　轻质隔墙和木隔墙多是依靠在隔墙里面填塞隔声棉来加强隔声效果，常用的隔声棉有岩棉、玻璃棉等。岩棉有隔声、防火的效果，玻璃棉则是由玻璃丝加工制成的，同样具有隔热、隔声的作用。若想进一步提升隔声效果，通常会再铺贴一层隔声毡。隔声毡的厚度有 1.2 mm、2 mm、3 mm，对应的隔声量分别为 23 dB、27 dB 和 30 dB。

隔墙隔声量的比较

隔墙种类	红砖墙	钢筋混凝土墙	木隔墙	轻质隔墙
隔声量	45 dB	50 dB	30 ~ 40 dB	30 ~ 40 dB

问题 4

如何选择适合的隔墙种类？

隔墙种类有很多，主要有砖墙、钢筋混凝土墙、木隔墙和轻质隔墙等，要从中选择适合的隔墙种类，主要可从需求来看。若是注重噪声问题，那么建议采用隔声量为 45 ～ 50 dB 的砖墙、钢筋混凝土墙和陶粒板隔墙，但若建筑物本身只适合采用木隔墙、轻质隔墙，那么可在隔墙内填入隔声棉，便可加强隔声效果。另外，隔墙施工时需注意是否做到顶板的高度，避免吊顶和隔墙之间有缝隙，导致声音通过缝隙传递，影响隔声效果。

工期的长短可能会间接影响费用，对于预算不够充裕的业主来说，可以考虑木隔墙和轻质隔墙，因为这两种隔墙的工期较短，虽然具体也要看空间大小，但一般来说一周内即可完工。就价格来看，木隔墙和轻质隔墙要比砖墙、钢筋混凝土墙便宜一些。

看重家居安全的人，则适合采用砖墙、钢筋混凝土墙、轻体砖墙和陶粒板隔墙。其中砖墙、轻体砖墙和陶粒板隔墙的防火效果最好，不过砖墙的抗震性能不佳，轻体砖墙的隔声和防水效果略差一点，陶粒板隔墙防火、隔声、抗震性能好，但费用上则高出其他隔墙许多，而承重力佳的钢筋混凝土墙隔声、防水效果不错，却不耐燃。其实每个人对于隔墙的需求不同，在装修时只有从需求角度来考虑，才能选出适合自己的隔墙种类。

空间设计及图片提供：ST DESIGN STUDIO

隔墙种类千变万化，从需求考虑最能精准选对种类，从而让家居生活更为自在舒适。

问题 5

容易产生湿气的卫生间可以用轻质隔墙吗？

轻质隔墙施工快速又便宜，在家居装修中使用较多。轻质隔墙可分为干式和湿式，其特性有些许差异，适合的区域也不太一样。

干式隔墙常用于卧室以及不易产生湿气的区域，施工、拆卸容易，环保且价格便宜，可使用的板材种类也比较多。湿式隔墙则要在隔墙骨架中灌入轻质混凝土，隔声、隔热、防水的性能都比较好，且比钢筋混凝土墙的重量轻。这类隔墙可以应用于易产生水汽的卫生间。

干湿隔墙的比较

隔墙种类	特性	价格	施工速度
干式隔墙	施工快速，重量轻，日后拆卸、修改较为迅速	低	快
湿式隔墙	具有防水特性，隔声效果更好，但拆除时需清除轻质混凝土，比较费时费工	高	慢

问题 6

想在轻质隔墙上悬挂电视机等重物，承重能力会有问题吗？

由于施工迅速，价格便宜，轻质隔墙慢慢成为家居装修的主流。然而轻质隔墙表面的板材一般都不够坚硬，除了内灌轻质混凝土的湿式工法轻质隔墙和陶粒板隔墙的承重能力比较好以外，其他隔墙的承重能力普遍不佳。

虽说轻质隔墙的承重能力不佳，但也并非完全无法吊挂物品，只是建议最好不要在其墙面上吊挂过重的物件。若有吊挂大型物件的需要，应在施工前确认吊挂的位置，安装辅助材料以加强承重能力。以木隔墙来说，可以在墙体施工时于吊挂处增加龙骨来加强承重能力；而轻钢龙骨隔墙则会在施工时于有承重需求的龙骨处安装补强组件（如金属片）来加强承重能力。

问题 **7**

轻钢龙骨隔墙和一般隔墙有什么不同？

过去的隔墙多是砖墙、钢筋混凝土墙，但这类隔墙较重，若非原始隔墙，而是在装修时增加的，可能会对建筑结构造成负担，一旦因为各种原因导致隔墙倒塌，也容易造成较大损害，而且造价高、工期长，性价比低。因此，近年来砖墙、钢筋混凝土墙渐渐被淘汰。后来虽然多以施工较为简单、快速的木材来做隔墙，但木材本身不耐燃、不防潮，隔声效果不好，且容易变形。

轻钢龙骨隔墙，也就是用质量较轻的轻钢龙骨做隔墙骨架，再用板材拼接架构而成的隔墙。其所使用的板材种类不限，有石膏板、硅酸钙板、纤维板、水泥板等，可根据实际需求选用适合的板材。

轻钢龙骨隔墙施工快速、价格比较低廉，且方便拆卸，拆卸之后还能重复使用，现今被广泛应用于家居装修中。不过轻钢龙骨隔墙的隔声效果不如砖墙、钢筋混凝土墙好，若想增强隔声效果，可以在隔墙里填充具有隔声、隔热功能的隔声棉等材料。

不同隔墙的比较

隔墙种类	价格	施工期	隔声效果	优点	缺点
砖墙	低	长	好	· 防潮 · 耐燃	· 可能发生白华现象（指墙内可溶解的成分随水溶解，在水分蒸发后析出白色的盐类附着物的现象） · 重量过大，对建筑结构造成负担
钢筋混凝土墙	高	长	好	· 承重力佳 · 使用时间长	· 易有龟裂问题 · 工期长
木隔墙	低	短	不好	· 施工快速 · 造价比砖墙、钢筋混凝土墙便宜	· 不耐燃 · 不耐潮
轻钢龙骨隔墙	低	短	不好	· 施工快速 · 造价比砖墙、钢筋混凝土墙便宜	隔声差

问题 8

隔墙表面有哪些板材可供挑选？该怎么选才好？

空间设计及图片提供：Thinking Design 思维设计

由于材料不断进步，现在隔墙不论内外材质，种类皆有多种组合，可同时满足业主对功能和美观两方面的需求。

　　轻质隔墙的施工方式是先以轻钢龙骨或木材作为墙体骨架，接着在骨架前后封上板材。每种板材的特性不同，可根据需求来挑选。以下是几种常用于隔墙的板材：

　　1. 氧化镁板：由氧化镁、氯化镁、碳酸镁、珍珠岩、纤维材料及其他无机物制造而成，无毒无烟且不含石棉，表面平滑，质量较轻，不适合使用在易产生水汽的空间。

　　2. 石膏板：以石膏为主要原料，可用于轻质隔墙或吊顶，表面加工后可贴覆装饰材料。

　　3. 硅酸钙板：以硅藻土为基本原料，加上石英粉、石灰等制造而成，可应用于隔墙或吊顶，表面经过加工后可贴覆装饰材料，但硬度不够，承重能力较差，若要吊挂东西需事前做好加固。

　　4. 纤维板：又名"密度板"，是以木质纤维或其他植物纤维为原料，添加脲醛树脂或其他胶黏剂制成的板材，结构均匀，板面平滑细腻，易于在表面进行各种装饰处理。

　　5. 纤维水泥板：以水泥为主要原料，以纤维为增强材料，经制浆、成型、养护等工序制成的板材，有防水、防火的特性，适合用于干、湿工法的隔墙。

　　6. 木丝纤维水泥板：主要由细碎木屑与水泥加工而成，结合了水泥与木材的优点，质量较轻，具有弹性，表面平滑，多被用来作为装饰空间的板材。

问题9

轻质隔墙有哪些种类可供选择？

隔墙中有传统的砖墙和钢筋混凝土墙，也有新型隔墙如轻质隔墙。后者根据材质可再细分为轻钢龙骨隔墙、轻体砖隔墙、陶粒板隔墙和木隔墙，这些隔墙的具体情况如下：

1. 轻钢龙骨隔墙，分为湿式隔墙与干式隔墙。干式隔墙是用轻钢龙骨做出隔墙骨架，外层拼贴板材，板材里可填充隔声、耐燃的玻璃棉或岩棉，施工速度快，重量轻，常被用作住宅隔墙，变更格局时容易拆卸，但不耐潮湿。湿式隔墙同样用轻钢龙骨做出隔墙骨架，灌入轻质混凝土，有些轻质混凝土内含泡沫球，泡沫球配比越高，轻质混凝土重量越轻，这类隔墙防水性能较佳，可用于卫生间、厨房等空间。

2. 轻体砖隔墙，使用轻体砖建成，比红砖轻。轻体砖隔墙完工后即可刮腻子、刷涂料，相较于红砖墙繁复的工序，简易便利了许多。

3. 陶粒板隔墙。陶粒板采用预铸工法，通常是在工厂将板材依空间需求进行裁切，然后运送到施工现场逐片安装成墙，施工简易快速。

4. 木隔墙。以木材与其他各种板材组合而成，施工便利、快速，但不防火，容易受潮变形，且隔声效果也有限。

不同轻质隔墙的比较

项目	轻钢龙骨隔墙（干式）	轻钢龙骨隔墙（湿式）	轻体砖隔墙	陶粒墙板隔	木隔墙
隔声效果	差	尚可	差	佳	差
承重能力	尚可	佳	差	佳	差
抗震性能	差	尚可	尚可	佳	差
拆除变更	拆卸容易，可再利用	费时费工	拆除容易	费时费工	拆除容易

隔墙的厚度大概多少比较合适？

　　墙体是支撑建筑物的主要结构，除了有支撑建筑物和分隔空间的功能之外，还具有一定的隔声功能，隔墙的厚度关系到隔声效果。一般砖墙和钢筋混凝土墙厚度有 20 cm、25 cm、35 cm 等，隔声效果很好。木隔墙封板通常使用夹板，板材有厚薄之分，通常厚度为 4 ~ 8 cm。轻体砖隔墙的重量比红砖墙轻，但隔声效果一样好，厚度有 10 cm、12.5 cm 和 15 cm 等，厚度为 12.5 cm 的轻体砖隔墙隔声效果几乎等同于红砖墙，一般家居空间采用 10 cm 的厚度即可，除非有严重的噪声问题，才建议使用 15 cm 的厚度。

　　各类板材皆有不同的厚度可供选择，一般来说墙体越厚，隔声效果越好，可视自身需求进行选择，比如陶粒板厚度有 8 cm、10 cm 和 12 cm 等可供挑选。轻钢龙骨隔墙和木隔墙一样，表面也是利用各种板材来封板固定，但厚度要厚一些。除了传统的隔墙，如今为了照明空间的通透感，也会选用玻璃作为隔墙材质，考虑到安全问题，建议选用钢化玻璃，厚度以 5 cm 左右为佳。

空间设计及图片提供：实适空间设计

玻璃是现在家居装修中常用的隔墙材质之一，可实现视觉上无阻碍的空间开阔感，同时也能确保室内采光。

4

照明

每个空间都需要照明，然而照明并不只是装上灯具而已，除了单纯的照明功能，为满足不同需求，更要选用适合的灯具与光源。本章从照明基础用语和灯具开始，到安装工法和实例介绍，教你学会怎样做照明规划。

空间设计及图片提供：ST DESIGN STUDIO

空间设计及图片提供／构设计

营造独特空间氛围的最佳工具

除了照明功能之外，好的照明设计还应该营造出不同的情境与氛围，从而影响置身在空间里的人的情绪。照明设计不只是选择灯具的数量与款式，而是要更进一步，根据空间的需求与特性来安排适当的人工光源、灯具与照明方式，并对后续的清洁保养、节能省电等问题做出更周密的安排，如此才能在成功营造氛围的同时，不会让用户在实际使用中产生困扰。

空间设计及图片提供：ST DESIGN STUDIO

常见装修用语

·色温

色温的单位为 K，一般光源的色温可分为低色温、中色温、高色温。低色温普遍在 3300 K 以下，给人温暖放松的感觉；中色温为 3300 ~ 6000 K，通常能给人带来舒适的感受；而高于 6000 K 的高色温，因为光色偏蓝，会使光照下的物体有清冷的感觉。

·亮度

指被照物每单位面积在某一方向上所发出或反射的光的强度，单位为坎德拉 / 平方米（cd/m²），简单来说就是眼睛感受到发光面或被照面的明亮度。亮度跟照度相互影响，具有特定的方向性。

·眩光

指令人不舒服或使视觉无法辨识的照明。光源亮度越高，对眼睛刺激就越大。通过计算统一眩光值（*UGR*），可以对照出眩光和主观感觉的关系。一般来说，当 *UGR* 为 10 ~ 15 时视觉感较为舒适，不会受眩光影响。按对视觉的影响程度划分，眩光可分为三类：不适型眩光、光适应型眩光和墙能型眩光。

·照度

指每单位面积接收到可见光的光通量［单位是流明（lm）］，照度单位是勒克斯（lx）。照度的大小取决于光源的光通量和接收面（工作面）的面积，三者的关系为 1 lx = 1 lm/m²。也就是说，在面积不变的情况下，光通量越高，照度就越高。规划整体空间照明时，不可能只用单一灯具，要计算平均照度，可以借助简易公式，即 E_{av}（工作面的平均照度）= Φ_s（每个灯具的光通量）× N（灯具数）× U（利用系数）× K（维护系数）÷ A（工作面面积）。

照明方式

方式 1. 直接照明和半直接照明

直接照明是指光线通过灯具射出后，90% ~ 100% 的光线会到达工作面，使被照物体成为空间主角。但由于光线方向单一，容易产生眩光。半直接照明是用半透明灯罩罩住光源上部，60% ~ 90% 的光线可射向工作面，其光线比较柔和。

空间设计及图片提供：ST DESIGN STUDIO

空间设计及图片提供：ST DESIGN STUDIO

方式 2. 间接照明和半间接照明

间接照明是指不将光线直接照向被照物体，而是借由顶面、墙面或地面反射，制造出一种较为柔和的照明效果。半间接照明是将半透明灯罩安装在光源下方，此时大部分光线会向上投射到顶面，光线再经过反射形成间接照明，少部分光线则会通过灯罩向下扩散。

方式 3. 漫射照明

漫射照明通常是利用半透明灯罩（如乳白色灯罩、磨砂玻璃罩等），将光源全部罩住，让光线向四周扩散，漫射至需要光的平面。由于光线通过灯具时会产生折射，因此不易产生眩光，且光效柔和，视觉上比较舒适。漫射照明虽然照明范围比较大，但光效较低，更适合用来营造空间氛围。

空间设计及图片提供：构设计

照明配置

配置 1 . 主照明（普照式光源）

简而言之，负责提供大空间所需的主要光线，决定空间照明个性的第一种光源就是主照明，也可称为全面照明或基础照明。全面照明是让照明范围几乎呈现均匀状态的照明方式，包含白天的自然采光，都可视为整个室内空间的基本照明来源。

空间设计及图片提供：构设计

配置 2 . 辅助照明（辅照式光源）

辅助照明即是对主照明的一种补充，一般采用尺寸较小的灯具，如壁灯、台灯、灯带等。落地灯、台灯等能调和室内的光差，让眼睛感到舒适。一般来说，发出散射光线的灯适宜搭配直射灯一起使用。辅助照明的主要目的是增加光影层次，引导动线，达到营造氛围的目的。

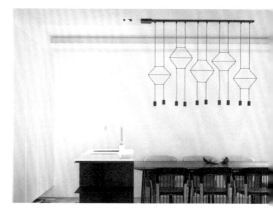

空间设计及图片提供：ST DESIGN STUDIO

配置 3 . 重点照明（集中式光源）

重点照明主要是直射光线，将灯光运用于限定区域内，以看清楚当下正在进行的动作，如聚光灯、轨道灯等都可以实现这些目的。这类灯具很多会搭配灯罩，灯的位置与灯罩的形状会决定光线的方向与亮度。当聚精会神从事某种特定活动如化妆、烹饪、用餐时，需要充足且能够集中的光线，也就是有导向作用的功能性光线，来制造视觉焦点或突出表现某件物品。是否使用重点照明，通常由个人需求决定。

空间设计及图片提供：构设计

装修材料

在做照明规划时，除了灯的外观之外，灯泡也可能影响呈现效果。因此施工时应该对灯具、灯泡分别进行选择。

灯具

灯具 1. 落地灯

落地灯一般由灯罩、支架以及可支撑于地面的底座组合而成，依配光方式大致可分为四种，即上照式、下照式、上下方皆有光源式，以及光线全方位扩散式。落地灯属于可移动灯具，在使用上比较灵活。作为局部照明时，选择摆放位置与外形需要顾及其与空间的协调性。

灯具 2. 吊灯

依光源方向分为光线柔和的上照式、光线直接明亮的下照式和发光面积较大的扩散式。光源照射的方式不同，可营造出不同的空间氛围，根据其设计形式大致可分为单灯头型、多灯头型、长条吊灯型和高度较短的半吊灯型。

灯具 3. 吸顶灯

此类灯具的主体以完全贴附的方式直接安装于顶面上，光源藏于玻璃或亚克力材质的灯罩里。不论水泥顶面还是木质顶面都可安装，相对其他灯具来说，是简单又不易出错的灯具类型。

灯具 4. 投光灯

也称为"聚光灯"，是指将光线投射于一定范围内并给予被照射物体充足亮度的灯具。通过调整角度及搭配不同光学设计，能创造出各式照明情境。常见投光灯的形式有轨道式、吸顶式、嵌灯式等。

灯具 5. 嵌灯

嵌灯是嵌入式灯具的简称，指全部或局部安装进某一平面的灯具。适用于所有空间，而且由于可完全与吊顶的顶面形成平面，能展现平整没有多余线条的顶部设计，很适合追求极简风格的空间。

灯具 6. 壁灯

指固定于墙面的灯具，通常借由墙壁反射光线，让原本单调的墙面产生光影及层次变化。不过与落地灯、吊灯一样，壁灯的光影呈现效果也会因灯罩的造型、材质与透光性的不同而有所改变。

灯具 **7.** 流明吊顶

是指灯管通过嵌入吊顶的亚克力板、雾面玻璃、彩绘玻璃等透光或半透光材料达到间接照明效果的灯具。与其他灯具的直接照明相比，流明吊顶的光线更均匀，视觉上非常平整，没有过多线条，在满足照明功能的同时，也让空间看起来更加简洁利落。

灯泡

灯泡 **1.** 卤素灯

卤素灯的制作方法是在灯泡中注入卤素气体。卤素气体可以减缓钨制灯丝在高温下的损耗，延长灯丝寿命的同时，也能使灯丝可以承受更高的温度，发出更高的亮度。

灯泡 **2.** 荧光灯

荧光灯其实就是大家熟知的日光灯。荧光灯利用低气压汞蒸气通电后释放的紫外线照射荧光粉来发光，为了维持电流的稳定性，需加装镇流器。荧光灯给人的印象大多是发白色光，但其实光色是由管壁内涂抹的荧光物质来决定的，借由调整涂抹荧光物质的成分和比例，便可得到不同的光色。荧光灯的发光效率较高，也比较省电。

灯泡 **3.** LED 灯

即发光二极管，是一种能发光的半导体电子元件，相较于过去先将电能转换成热能再转换为光能的传统光源，LED 灯是直接将电能转换成光能，因此可以更有效地获取光源。且因发光机制不同，LED 灯的使用寿命远高于传统光源，对广大用户来说是很好的选择。

照明规划流程

步骤 1 →
提出需求
就原始空间对照明的氛围、明亮度提出需求。

步骤 2 →
照明规划
根据需求进行照明规划，并确认规划图纸。

步骤 3 →
灯具挑选
根据具体需求来挑选和空间风格搭配的灯具。

照明施工重点

重点 1：确认位置和数量

安装用餐区的吊灯前需确认餐桌位置，选择有聚光效果的吊灯，更能营造温馨的用餐氛围。长方形餐桌可选用长条形吊灯，或依据餐桌长度并排安装 2 ~ 3 盏吊灯，建议吊灯边缘与餐桌边缘至少留出 20 ~ 30 cm 的距离。

重点 2：确定灯具尺寸

吸顶灯的尺寸应与房间的大小相对应，如果贪图明亮感而选择过大的吸顶灯，可能会出现灯具与空间比例失衡的问题。一般建议以顶面对角线长度的 1/10 ~ 1/8 作为吸顶灯的尺寸标准。

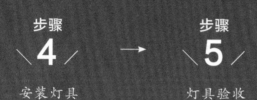

重点 3：预埋灯具时要注意的问题

部分户外用埋入式照明灯具本身有一定厚度，而且需要先安装埋入式灯盒（或称"预埋盒"），若计划于车道、阶梯等水泥材质的区域安装此类灯具，建议在设计照明时先参考建筑结构配筋图。

重点 4：感应灯的安装

作为夜间安全引导的感应灯常见安装于楼梯、走廊处。若家里有老人的话，建议在卧室到卫生间之间的动线上加装感应式足下灯，照度可设定在 75 lx 左右，为老人提供充足而不刺眼的夜间照明。

空间设计及图片提供：ST DESIGN STUDIO

空间条件结合光线规划，营造家中沉稳宁静氛围

自然光线难以到达这个位置，而此空间恰好并不刻意强调明亮感，而是借由少量嵌灯与灰色亚光墙面，营造出空间幽暗沉静的效果。采用局部重点投射的灯光设计，以此唯一且有限的光源凸显鞋柜、挂画，并满足聚焦与实际使用的需求。

空间设计及图片提供：构设计

聚焦六角灯营造风格端景

以墙上造型特殊的六角灯与地面的六角砖相呼应，呈现整体风格的一致性。而在玄关入口的窗户处加上一排穿鞋凳，在六角灯的照射之下形成端景。借由左侧鞋柜的悬空设计，将客厅落地窗的光线从鞋柜下方引进玄关。

从需求出发，
用条形灯打造现代感

空间设计及图片提供：欣琦翊设计有限公司 C.H.I. Design Studio

客厅是一家人主要的活动区域，因此用明亮且光线均匀的条形灯作为主要照明灯具。将灯管放进特别制作的灯糟里，不直接裸露，借此打造极简、利落的现代感，也瞬间提升了看似朴素的条形灯的质感。除此之外，顶部还安排了与长条形灯呈对比关系的圆形灯具来达到点缀空间与制造光影层次的效果。

间接光源围绕形成
独特的空间氛围

在这个空间里，家具、画作和墙面才是主角，因此主要照明的灯具采用嵌灯，内嵌在吊顶里，以维持视觉上的干净、简洁。重点规划了光线柔和的间接照明来凸显弧形吊顶的线条，同时营造出与家具、挂画相呼应的空间氛围。重点墙面的间接光源则巧妙地形成了光带，在不过度张扬的前提下，制造出聚焦视觉的洗墙效果。

空间设计及图片提供：ST DESIGN STUDIO

空间设计及图片提供：构设计

借由光源引导视线，营造空间放大效果

　　餐厨区顶部有一根大梁，若将顶面全部包覆平整，会让人有压迫感，因此设计师选择不用板材包覆，而是采用流明吊顶设计，将光线往上打，从而制造出深邃感，借此延伸视觉，也让空间有无限往上延伸的效果，成功弱化了顶部大梁的存在感。

间接柔和光源
带来放松归属感

　　玄关虽位于离采光面较远的位置，但由于住宅本身采光良好，且户型布局较为开放，因此玄关并不显得特别阴暗。有此前提，这里便延续了客厅的光源规划，只在弧形吊顶和鞋柜处安装了间接照明，光源足够满足使用需求，而间接照明光线的柔和特质也能让人有种回家的安心感。

空间设计及图片提供：ST DESIGN STUDIO

以蓝色点缀，打造蓝天白云意象

虽然是老房子，但拆除旧有装修材料之后，发现顶部的梁并不算多，考虑到室内高度只有 2.5 m，便选择裸露顶部以维持原始层高的高度。照明部分采用 EMT 镀锌管搭配筒灯，虽是以明管方式走线，但只要规划得当，并不妨碍空间美感。这里刻意将 EMT 镀锌管漆成蓝色，以营造蓝天白云的意象。

灯具高低错落，增添光影层次变化

这个空间不大，屋顶上的吸顶灯已经可以满足基本照明需求。而餐桌的上方又安装了一盏造型吊灯，用以制造视觉上的高低差及光影层次变化。吊灯虽以装饰功能为主，但从半透明灯罩中透露出的柔和光线，也能为空间带来宁静的氛围，并成为空间的视觉焦点。

问答

问题一 1

想营造空间氛围，又怕间接照明太暗，有解决方法吗？

灯光在空间中不只扮演照明的角色，也是营造气氛的重要帮手。间接照明的光线经过反射表现得较为柔和，可以营造放松的氛围。其亮度比直接照明低，若全室使用的话，会使整体空间显得较为昏暗，但是可以在有功能需求的地方以分区散点的方式使用，需要的话，可同时搭配辅助照明和重点照明来提升空间亮度。

具体来说，餐厅可以利用吊灯让视线聚焦在餐桌区域，也让食物看起来更加美味；如果有在客厅阅读的习惯，不妨在沙发阅读区增加一盏落地灯，从而提升局部照明功能；或者在入口玄关处安装嵌灯，为用户进出穿脱鞋提供方便，且兼顾了空间气氛和照明需求。

问题二 2

选用白光和黄光的差异在哪里？该如何选择？

我们在日常生活中接触到的最普遍的光线为蓝白光和暖黄光，其差异在于色温不同。色温越低，颜色越黄；随着色温升高，颜色会由白色转变为蓝色。研究显示，人的大脑会在夜晚释放出适量的褪黑素以调整人体睡眠时间。我们在选用灯光颜色时可以参考这个生理现象，让家居光照与昼夜节奏同步，优化照明氛围与睡眠质量。

由于白光里包含的蓝色光较多，人在照射白光时会抑制褪黑素的分泌，让人有精神较好的感觉；相反，黄光则会让人觉得比较放松。因此在配置灯光的时候，最好依照环境的使用需求来选择适当色温的光线。像书房或者工作环境，选择白光有助于保持专注度，提升工作效率；想要营造放松氛围的客厅或卧室，则建议选择低色温的暖黄光（色温小于3000 K），以帮助舒缓情绪，让家居空间更有温暖的感觉。

问题 3

不同空间的照明应该怎么配置？

　　选择照明方式和灯具时，必须首先考虑空间功能，然后再考虑造型和氛围，才能提升照明的实用度。依照使用情境，可将室内空间分为休憩娱乐的客厅、卧室及餐厅，以及功能实用的厨房及书房。客厅的照明方式有很多种，同样必须先确定空间的使用习惯。一般来说，客厅是家人朋友聚会时相处的地方，现在大多使用间接照明，在均匀打亮空间的同时来营造氛围。如果沙发区的使用频率较高，建议搭配可调节的落地灯，让灯光能随需求而灵活变化。

　　卧室以床头灯为主，对于睡前有阅读习惯的人来说，卧室照明不妨以床头灯或壁灯为主，以顶面光源为辅。床头灯除了能满足睡前阅读需求外，集中照明的形式也可以尽可能不干扰他人睡眠。餐厅的照明设计以餐桌上方的照明为主，需考虑灯具高度。吊灯可以设置在餐桌上方 60 cm 左右，使照明范围覆盖整个餐桌，让用餐时的光线清楚且不刺激眼睛。厨房照明则要强调安全实用，因为厨房属于功能型空间，下厨流程繁复，更需要明亮清楚的光线，因此建议使用白光照明，并在料理台上方吊柜加装层板灯，让光线集中在台面上，可以增强操作的安全性。

空间设计及图片提供：构设计

不同功能的空间，照明需求也有所不同，因此好的照明要依空间属性来做适当规划。

灯泡包装上的英文代表什么？
该怎么挑选才对？

空间设计及图片提供：拾隅空间设计

空间用色对于选用白光或黄光有一定影响，选购灯具、灯泡时不妨也一并考虑。

现在越来越多的人选择使用 LED 灯，但灯泡的规格不同，包装上的标识也不同，在选购时可关注以下几个重点：

1. 灯泡亮不亮？很多人以为灯泡亮度是看功率（W），其实功率是耗电量的单位，灯泡多亮要看以流明（lm）标示的光通量。光通量指的是人眼所感知的辐射功率，数值越高就越亮。

2. 灯泡省不省电？灯泡省不省电要看发光效率，发光效率代表的是每消耗 1 W 电量可以输出多少光通量，它的单位是流明每瓦（lm/W）。发光效率越高，用电越有效率，也就越省电。举例来说，同样是光通量 1000 lm 的 LED 灯泡，一只耗电 7 W，一只耗电 10 W，那么选择 7 W 的灯泡会比较省电。

3. 白光还是黄光？这就要看色温了，色温越低，光的颜色越黄，色温越高，光的颜色就越白。早晨或下午的阳光色温在 4000 K 左右，5000 ~ 6500 K 的阳光为正白色。一般而言，黄光不会显得刺眼，光线较为柔和，而白光、蓝光对眼睛的伤害则较高。

2700 K　3000 K　3500 K　4000 K　4500 K　5000 K　5700 K　6500 K

黄　　　　　　　　　　　　　　　　　　　　　　白

问题一5

房间高度会影响灯具配置吗？

空间高度会影响灯具的配置。功能性光源需要考虑照明覆盖的面积，而灯具大多安装在顶面上，因此房间的高度对于灯具配置和种类选择都有一定影响。

一般住宅的层高约为 2.8 m，在正常层高且客厅选用吊灯作为主灯的情况下，要注意吊灯与空间的关系，避免因吊灯体积过大或安装位置过低而产生压迫感。挑高房型的高度通常会超过 3 m，此时适合选用尺寸较大的造型灯具，借此展现空间尺度，但由于高度较高，距离地面较远，为避免亮度不足，建议在 2.5 ~ 2.8 m 的位置增加投光灯、嵌灯或轨道灯等灯具来辅助整体照明。

若层高低于正常层高，则不适合使用吊灯，建议以吸顶灯或者轨道灯作为主要照明灯具，借此保持顶面高度，展现视觉开阔的效果。

问题一6

卫生间的灯一定要防水吗？化妆镜的灯怎么避免产生阴影？

卫生间是家中最潮湿的空间，但又不能缺少灯光，因此只有使用合适的防水灯具才能避免水汽进入，造成灯具损坏或产生漏电危险。干湿分离的卫生间，建议在干区选择防水等级 IP44（防尘防水等级，具体说明见 116 页。此处 IP44 表示防尘 4 级，防水 4 级）以上的灯具；但如果是在浴缸、淋浴间这类会直接喷溅到水的湿区，则需选购 IP65（防尘 6 级，防水 5 级）的灯具，IP 数值越高，防护力越高。

如果习惯在卫生间化妆，可以在主灯源之外，于洗手台区域的上方及化妆镜面的左右两侧安装间接照明。光线从左右两侧投射才能避免产生阴影，并应选用白光而非黄光，如此才能呈现出最准确的妆容色彩。

问题 7

LED 灯有什么优点？
LED 灯很省电是真的吗？

　　LED 灯是目前最省电的光源。灯具的发光效率数值越高越省电，在相同亮度的前提下，LED 灯的功率一定会低于传统灯泡。

　　目前 LED 灯的发光效率一般可达到 80 lm/W 以上，而传统白炽灯的发光效率一般在 10 ～ 20 lm/W。依据相同光通量的标准选购发光效率高的 LED 灯，便可达到传统白炽灯的亮度，且能节省电费。举例来说，如果想以 LED 灯取代 100 W 的传统白炽灯，按发光效率 80 lm/W 来估算，大约 19 W 的 LED 灯就可以达到相同亮度。而且 LED 灯使用寿命长，和其他光源比较起来，LED 灯各方面都有优势。

　　LED 灯的优点体现在以下几个方面：

　　1.省电：几乎能将电能全部转换为光能，发光效率高，节能又省电。

　　2.耐用：正常使用下 LED 灯寿命约为 3 万小时，长时间不用更换。

　　3.便利：灯泡启动快，一点即亮，不会闪烁延迟，对眼睛的伤害较小。

　　4.健康：本身不会产生紫外线、红外线，不伤害眼睛和皮肤。

　　5.环保：传统荧光灯中含有大量的水银蒸气，一旦灯泡破碎就会挥发到空气中污染环境；LED 灯不含铅、汞等有害物质，可减少对环境的污染。

白炽灯与 LED 灯对应表

传统白炽灯功率（W）	LED 灯额定光通量对应值（lm）
15	136
25	249
40	470
60	806
75	1055
100	1521
150	2452
200	3452

三种灯的比较

项目	LED 灯	节能灯	传统白炽灯
发光效率（lm/W）	74.7 ～ 82.6	62.3 ～ 67.5	15
光源寿命（h）	40 000	平均 6000 ～ 13 000	平均 1000

问题 8

电灯开关该怎么规划才方便使用？
什么地方适合设置双控开关？

空间设计及图片提供：构设计

规划电灯开关最重要的是要符合平时的使用习惯与生活动线，这样使用起来才会顺手。

　　灯具开关看似是设计的小细节，但如果没规划好，不顺手的开关会影响生活的顺畅度。当设计师画好开关图纸后，建议用粉笔或胶带在现场定出位置，实地测试开关的位置和高度是不是与生活习惯相符合。规划开关时有以下几点需要留意：

　　1. 开关位置要与动线相互配合。除了要从单一空间来考虑开关的位置，还要从生活动线考虑，才能提升使用的便利性。例如，若回家习惯先从客厅走到餐厅、厨房，可以在客厅灯具开关的位置同时配置餐厅、厨房灯具的开关；若是进家后习惯先到卧室更衣，则可以在入口处设置走廊灯具的开关，减少摸黑找灯的麻烦。

　　2. 若是处在单向动线上，可以在起点和终点安装双控开关。比如在客厅和玄关安装双控开关，两端都能控制客厅主灯，准备出门时可以先维持照明，到玄关处再关灯，减少来回进出开关的不便。另外，卧室门口和床头也可以用双控开关控制主灯，上床睡觉时不需起身就能关灯就寝。

　　3. 开关位置也要配合家具、家电的位置。比如柜体、冰箱等较高的家具容易挡住开关，造成开关使用上的不便，因此配置开关时要考虑家具、家电摆放的位置和高度。

嵌灯有什么优点？
嵌灯尺寸及数量应该怎么配置？

嵌灯采用线状配置，借此满足较边缘地带的光源需求，同时也可划分出玄关区域。

空间设计及图片提供：构设计

　　随着简约风格的流行，嵌灯逐渐成为现代家居照明中的常用灯具。嵌灯除了能提供基础照明外，由于它是嵌在吊顶里的，因此还可以让吊顶呈现出利落的简约感。一个空间若能灵活搭配不同类型的嵌灯，便可在基础照明功能之外，展现出聚焦、洗墙等不同效果，营造出层次感，提升室内氛围。

　　目前市面上常见的嵌灯开孔尺寸有 7 ～ 15 cm 不等，可依照功能及氛围需求来选择。如果想要营造出有如酒店般的高级质感，可以选择开孔小的嵌灯，数量上不用太多，便能提升整体空间的精致感。15 cm 的大尺寸嵌灯则是泛光型的基础灯具，光照范围比较广，适用于对亮度需求较高的宽敞空间。但安装大尺寸嵌灯时要注意在吊顶预留散热空间，否则容易积热，出现光衰或者灯具损坏的情况。

　　嵌灯在安装时有几种方法。比如将 2 ～ 4 盏嵌灯集中安装在一起，这种方式主要是为了强调集中照明功能。在玄关或者走廊等狭长区域则经常线状安装嵌灯。有时也会将嵌灯安装在角落，这样能让光线分布均匀，但变化相对较少。另外也有用三盏嵌灯围成三角形的方式，这样照射范围较为集中。

10

问题一

厨房照明需要特别规划吗？

如今很多家庭在家居装修中选择开放式厨房，除了客厅之外，餐厨区被视为一个整体区域，是家人、亲友共处的重要空间。在特别注重功能的厨房，合理规划照明非常重要，良好的灯光配置不仅可以营造舒适的烹饪氛围，更重要的是能够提升烹饪时的安全度。

厨房可以选择以嵌灯、日光灯或流明吊顶作为主灯，让整体空间有自然均匀的光线。需要烹饪、操作的料理台、水槽与灶台等区域，最好设计清楚、明亮的照明。在吊柜下缘可以增加重点照明，从而避免光源被身体挡住的问题，只有近距离照射才能有明亮的光线来辅助处理食材。

被赋予复合功能的餐厨区，除了用餐之外，也可以在此进行阅读、上网等活动，因此餐厅的照明也要配合需求灵活切换。建议在间接照明之外，以低色温灯光营造用餐氛围，以高色温灯光照亮工作区域，或者再增加台灯或落地灯，确保阅读或工作时光线充足。

11

问题一

书房照明是不是越亮越好？
如何规划书房照明？

书房确实需要光线充足，但并非越亮越好，仍需要充分考虑照明环境。书桌是学习、工作的主要区域，除了要将光线集中于桌面，还要注意整体空间的照明设置，以免造成眩光。当同一空间里的亮度分布不平均时，会引起视觉不适、眼睛疲劳。因此，如果只用台灯而没有足够的背景光的话，长时间处在过于昏暗的环境中，会使眼睛因为频繁调节以适应明暗变化而疲劳。

确定书桌摆放的位置时，要考虑窗户位置以及阳光照射进来的角度，整体空间环境和阅读的灯光最好能和阳光相互协调，同时避免计算机屏幕的眩光。书房照明最好使用柔和的白光，这样能降低眼睛疲劳感。一般来说，照度大于 500 lx 的环境中，视觉效率较高，利于阅读和书写。

市面上的筒灯、嵌灯差别在哪里？

嵌灯的安装方式一般是嵌入吊顶，因此需在吊顶上预留孔洞，适合一些顶面较低，或者需要光源却不希望灯具破坏整体设计感的地方。目前最常采用的是固定式嵌灯和可调角度式嵌灯两种类型，在选择时要依照空间功能、氛围情境来确定，并且要避免在全部空间中使用同一种规格的嵌灯。

固定式嵌灯可以安装在走廊以引导行走动线，或者较为空旷的空间、有固定家具或设备的地方。只要排列方式和距离规划得当，嵌灯就可提供均匀稳定的光照，而且嵌入式的安装方式也能让空间显得平整。

可调角度式嵌灯则适合安装在艺术品、画作摆放的地方。可调角度的设计能让灯光随着家具变动或者装饰艺术品更替而变换，还能让灯光之间的搭配更有弹性，或者纯粹运用不同的照射角度在墙面上呈现富有变化的灯光设计。

筒灯一般可分为灯泡式和 LED 式两种，筒灯灯具的高度通常在 10 cm以上。筒灯与嵌灯的最大不同之处就在于它们的发光角度不同，筒灯的发光角度更窄，可以让光线更加集中，与周围的环境形成更强烈的明暗对比，是一种能凸显重点区域的灯具。在进行家居装修时，可依照顶面高度、想要营造的空间氛围、家居陈列方式以及空间功能等，选择使用嵌灯或者筒灯来呈现自己想要的空间感。

空间设计及图片提供：均设计

可根据想要呈现的效果选择不同类型的照明灯具，让空间更具层次感。

问题 13

室内规划灯具要注意哪些事项？

如今人们越来越重视灯光设计的美感和光照氛围，因此在设计家居空间的照明时，不仅要考虑功能性，而且要在照明对环境的影响上深思熟虑，比如灯具的照明用途、色温、造型、亮度，等等。

空间中的灯具依据功能大致可分为两类，即营造氛围的装饰照明与满足光线需求的功能照明。因此在思考规划什么类型的灯具之前，要先评估灯具在空间中的主要功能，进而再调整灯具的配置比例。

室内每个区域的照明需求都因不同的活动属性而有所区别。客厅属于公共区域，是家人聚会、看电视的场所，照明设计以装饰照明为主；用来烹饪的厨房要以功能照明为主进行设计；而从厨房延伸出的餐厅，则可以在装饰照明与功能照明两者间取一个平衡，兼顾用餐功能与氛围呈现；卧室虽然是用来休息的地方，但除了运用装饰照明营造氛围外，还可以搭配亮度和照射角度合适的床头灯为阅读提供照明。最后根据空间的整体装修风格来选择喜欢的灯具设计，这样就万无一失了。

问题 14

灯具该怎么保养清洁？尤其是间接照明灯具容易积灰，很难清理，该怎么解决？

当灯具有灰尘附着时要及时用干布擦拭，以免灰尘长时间累积，并在吸收空气中的水分后附着在金属灯体上，引起生锈或让玻璃透光度下降等问题，从而降低灯光的明亮度。擦拭玻璃灯罩时要留意，最好等冷却后再拆下来清洁，并等完全干燥后再装上。另外，吊顶的间接照明通常是分层设计的，沟槽处容易堆积灰尘和蚊虫尸体，由于位置较高，建议请专业清洁人员定期清理。

问题—15

室外灯具是否要防水？应该怎么安排照明？

怎么挑选适合的灯具？

很多人向往有休闲感的家居生活，更愿意将阳台改造成一个惬意的休闲区域。在夜间，阳台和露台是室内光源无法照射到的开放空间，因此在配置和布局时，灯具的选择就变得十分重要。

如果阳台空间比较宽阔，安装筒灯能扩展照明面积，不易留有死角。若是阳台空间较小，则更适合简约的吸顶灯，或者安装壁灯来营造气氛也是不错的选择。若阳台只是单纯作为转换室内外空间的区域，可以安装感应灯，让夜间进出阳台更加方便，不会有摸黑找开关的困扰。

户外安装灯具还要充分考虑之后可能会面临的环境状况，比如阳光、雨水和空气污染等。因此户外灯具往往比室内灯具磨损得更快，而且夜间光源容易引诱蚊虫，加上灰尘的积累，都会影响灯具的安全性、寿命和照明效果，因此最好使用防尘防水系数（IP 值）较高的灯具。IP 值的第一个数字代表防尘指数，第二个数字代表防水指数，数字越高，防护效果越好。一般户外灯具建议选择 IP65 以上比较合适。

IP 等级标准

第一位数	防尘指数	第二位数	防水指数
0	无防护效果	0	无防护效果
1	防止或阻挡直径大于 50 mm 的异物	1	防止水滴侵入
2	防止或阻挡直径大于 12.5 mm 的异物	2	倾斜 15° 时仍可防止水滴侵入
3	防止或阻挡直径大于 2.5 mm 的异物	3	防止喷洒的水侵入
4	防止或阻挡直径大于 1 mm 的异物	4	防止飞溅的水侵入
5	防止灰尘	5	防止喷射的水侵入
6	完全防止灰尘	6	防止大浪侵入
—	—	7	防止浸水时水的侵入
—	—	8	防止沉没时水的侵入

空间设计及图片提供：ST DESIGN STUDIO

灯光除了照明功能，若能巧妙规划，并进一步搭配造型，便能成为点缀室内的装饰品。

问题一

16

灯具种类那么多，该如何运用才能营造出想要的空间氛围？

　　如何让灯具除了照明功能外发挥更多作用？若能借由设计巧妙地处理照明，让其成为室内不占空间的装饰品，则整体空间会更为生动。因此规划空间照明时，我们需要掌握以下几个要点：

　　1. 善用间接照明营造氛围。建议在家居角落设置落地灯，利用向上及向壁面反射的泛光来营造柔和的光感，不仅可以给空间营造温馨氛围，也有放大空间的效果。其他诸如储物架和柜体内的暗角等处，可以安装 LED 灯，增添空间质感。

　　2. 运用造型灯饰制造视觉焦点。主空间选用吊灯，可以往上提升视觉焦点，但要注意处理好空间高度和灯具尺寸之间的比例，这样才不会产生压迫感。造型上可以选择设计感较强的灯饰，以创造空间的独特性。

　　3. 搭配点状灯源或灯带增加层次感。若是家中有挂画或展示品，可以利用轨道灯或嵌灯来打亮作品。空间照明形式也比较丰富，比如在走廊尽头安装壁灯来制造空间端景，同时作为不同空间的过渡指引，让各个房间的行走动线更为流畅。

　　4. 混光配置增加空间气氛。利用灯光色彩改变空间的视觉温度，是改变空间氛围的常用手法。使用暖黄光与白光的混光来搭配或者界定区域，让空间氛围更加自然，不会过于昏暗或者冰冷。

5
涂料

能快速改变空间样貌的涂料，施工难度一般不高，讲究的是施工细节与工人师傅丰富的施工经验。本章将解答如何掌握涂料特性，以及如何成功呈现让人惊艳的效果。

空间设计及图片提供：实适空间设计

善用涂料特性，展现多元丰富的视觉效果

　　说到涂料，很多人首先想到的便是油漆。其实涂料的种类有很多，像硅藻泥、磐多魔等从本质来说也都属于涂料。涂料可应用的区域很多，除了地面、墙面外，还可用于家具。除了色彩的改变，还可利用刮腻子等一些施工手法做出各种变化。有些涂料可以自行施工，但涂料最容易因为施工过程中细节上的疏忽而导致效果与设计有差异。如何成功让涂料发挥其应有的功能，重点就在于细节的掌握。

空间设计及图片提供：拾隅空间设计

常见装修用语

·刮腻子

木隔墙或轻质隔墙是家居空间常见的隔墙类型，而其使用的板材如木夹板、硅酸钙板等，表面常会有气孔、坑洞、不规则纹路等瑕疵，直接上漆无法遮盖且不美观，需借由刮腻子填平墙面，再用打磨机磨平修饰，为刷涂料打底。通常会刮 2～3 次，可视墙壁状况和预算而定。

·底漆

因为墙面本身有许多毛细孔，为了提高面漆的附着力，并让面漆刷起来较为均匀平整，通常会在刮腻子、打磨后，在上面漆之前先刷一层底漆。一般底漆会刷两次，但可视墙面状况调整涂刷次数。

·面漆

面漆指的是涂刷的最后一层涂料。不同种类的面漆亦可提供不同功能，如装饰、保护及其他特殊功能，可以根据材质及需求挑选适合的面漆种类。

·一底二度

一底指的是施工前的底面处理，如刮腻子、打磨；二度则是指刷两次面漆。以此类推，二底三度就是刮两遍腻子，刷三次面漆，效果会比一底二度好，但费用相对也会比较高。一般家居空间若墙面问题不大，通常一底二度即可。

装 修 材 料

涂料的种类有很多，除了色彩有差异外，制造成分和功能也各不相同。挑选时除了要看功能，材质也是影响挑选的重要依据。

材料 1. 油漆

可涂刷在各种面材的表面，并有多种颜色可供选择，可依据个人喜好、空间风格和空间氛围来选用。除了请专业工人来施工，也可以自己动手涂刷。根据制造成分及其状态可分为水性漆和油性漆，适用于室内外空间、家具。

优点	缺点
·多种颜色可供选择 ·可以自己涂刷 ·种类多，使用较普遍	多含甲醛、苯等 有害物质

材料 2. 环保涂料

油漆中多会掺入甲醛、苯等污染环境与有害健康的化学物质，为了避免这类危害，便有了低甲醛、低挥发性的环保涂料。这种涂料大多是采用天然材料制成的，生产过程和施工过程一般不会对环境造成污染，对于身体健康也没有太多不良影响。

优点	缺点
采用天然材料， 安全性更强	价格比普通油漆贵

材料 3. 水性仿瓷涂料

包含方解石粉、锌白粉、轻质碳酸钙等，装饰效果细腻、光洁、淡雅，价格不高，但施工工艺复杂，防水性较差。

优点	缺点
·装饰效果细腻 ·价格不高	·施工工艺复杂 ·防水性较差

材料 4. 液体壁纸

液体壁纸是一种新型艺术涂料，用一种特殊模具刮涂后，能产生非常漂亮的装饰图案，是集壁纸和乳胶漆特点于一身的环保水性涂料。液体壁纸无毒无味，绿色环保，有极强的耐水性和耐酸碱性，且不易褪色，不开裂。

优点	缺点
·绿色环保 ·不褪色、不开裂	·施工难度较大 ·成本较高

材料 5. 硅藻泥

硅藻泥主要由硅藻土、胶黏剂、颜料和光触媒构成。其中硅藻土来源于硅藻，原是一种浮游生物，死后沉积在海底，经过时间推移形成矿石，被提炼后成为硅藻土。硅藻土具有细小孔洞，可有效吸附有毒物质，还可以调节湿气，避免白华与霉菌问题的发生。不过各家厂商原料略有不同，详细施工及价格需咨询相关厂商。单纯的硅藻土没有黏合性，需要辅助多种黏合剂才能成为装饰涂料。

优点	缺点
·可吸附部分有毒物质 ·调节湿气 ·可防白华与霉菌	·耐水性差 ·硬度不足

油漆施工流程

步骤 **1** →	步骤 **2** →	步骤 **3** →
清理施工面	**保护工程**	**刮腻子**
清除旧漆，并将墙面的突起物、表面的灰尘及污垢清除干净。	涂刷油漆通常是在装修工程后期，需做好保护工程，以免室内环境被油漆污染。	若表面有坑洞、缝隙，需重新刮腻子，让墙体表面达到平整状态，通常需刮 2～3 次。

油漆施工重点

重点 1：AB 胶干了之后再刮腻子

一般在木材的接缝处会先用 AB 胶进行填缝，等 AB 胶干了之后再借助刮腻子、打磨将缝隙整平，接着才能上底漆、面漆，如此一来漆面才不容易开裂。

重点 2：分次进行刮腻子，整平更到位

想让墙面漆色均匀好看，重点在于刮腻子是否做得仔细。刮腻子最好采用分次到位的方式慢慢进行，以保证将墙面不平处完全整平。此过程中可利用灯光来确认是否刮得足够平整，或确认是否有遗漏之处。

步骤 4 → **步骤 5** → **步骤 6**

打磨

小范围打磨可使用砂纸，大范围打磨要使用专业的打磨机。

上底漆

上面漆前需用底漆打底，以让面漆上色更均匀。

上面漆

至少涂刷两次，色泽、厚薄才会均匀。

重点 3：打磨结束后，墙面清洁很重要

为了使墙体表面更平整细致，刮腻子之后会再进行打磨。打磨时会产生大量粉尘，因此一开始的保护工作要做好，以免家具等被弄脏，打磨完的墙面也要在彻底清除掉表面粉尘后再上漆。

重点 4：第一道面漆干了以后再刷第二道

通常面漆会刷 2～3 次，施工时一定要等前一次的漆干透了，再进行下一次涂刷，否则会出现表面起皱的问题。

涂料施工流程

步骤
\1/

基底整平

对施工区域的基底进行清洁及整平。

↓

步骤
\2/

搅拌材料

将准备涂刷在地面或墙面的涂料进行混合搅拌。

— 磐多魔 —

施工顺序：

· 中涂→面涂→抛光处理→水蜡美容。

· 有7 ~ 8道工序，要重复多次进行涂刷、打磨、抛光。

— 硅藻泥 —

施工顺序：

· 涂刷硅藻泥→制作肌理图案→收光。

· 涂刷硅藻泥一般可以涂两层。

涂料施工重点

重点 1：现场需清空

磐多魔的施工工期大约为一星期，施工期间不能踩踏，且施工过程中工地需清空，因此可能影响其他工程进度。建议事前安排好工程施工的先后顺序，以免影响装修进度。

重点 2：进场时间

由于过去有些涂料在涂刷过程中通常有多道工序要进行，完成面也需一定时间干燥，因此需优先进场施工，完成后再让室内装修其他项目进场施工。现在因材料、工法的演进，进场时间可安排在粗清前、细清后。

重点 3：需要有经验的工人来施工

磐多魔最吸引人的地方除了平滑如水泥粉光的地面质感，还有经过人工涂刷制成的如大理石般的特殊纹理质地。不过，若想呈现出这种独特的视觉效果，需请技术纯熟的专业工人来施工。

重点 4：等待涂料完全干燥

硅藻泥在施工时由于是一层一层堆上去的，每一层的涂刷都需等到上一层涂料完全干燥后才能进行作业，因此建议计划工期拉长一点，以免影响完成效果或其他后续装修工程。

空间设计及图片提供：禾禾设计

无接缝地面显出手作的简约朴实

　　早期较多见于商业空间的磐多魔地面，近年来常被应用于家居空间中。同类材质还有环氧树脂，这些材质都具有易清理及无接缝的特性。无接缝地面施工时，在涂料这一侧需用镘刀在地面将底漆、中漆与面漆一道道覆涂施工，并借由镘刀痕展现出独特朴实的美感。另一侧可与其他材质如木地板或地砖无缝衔接，借以分隔出不同的区域，让空间更显宽敞，设计也更自由。

用仿清水混凝土漆表现出东方低调韵致

空间设计及图片提供：禾禾设计

　　比起单纯在墙面上刷涂有色漆，设计师用仿清水混凝土漆来铺设墙面，为这个半开放的书房空间营造出东方情怀与时尚质感并存的低调韵味，再搭配精巧复古的藤编屏风拉门，展现出唯美的古风。特别是设计师将书房后方的柜体同样涂刷了仿清水混凝土漆，让立体的展示柜融入墙面而毫无违和感，也让墙面与展示柜的设计细节更引人玩味。

空间设计及图片提供：晴空间设计

灰色地面串联主墙，延伸出大境界

很多人看到这个空间都不相信这是一间仅有 36.3 m² 的小户型空间。一室两厅一卫加上厨房的完整格局丝毫不让人觉得狭隘，除了有半开放格局与通透的玻璃隔屏等设计加分，还有一个设计重点，就是贯穿整个空间的水泥基础色调。灰色无接缝地面的涂层继续向上延伸，与仿清水混凝土电视主墙串联起来，色调统一且不间断的漆灰空间让小户型空间视野放大，延伸出大境界。

空间设计及图片提供：庵设计

取材于自然的硅藻泥墙面，表现来自大地的优雅

在采光充足、开放的格局中，先用炭化木皮板铺设大片吊顶，营造出自然的空间基调。接着在沙发背景墙上涂刷环保材质硅藻泥，具有防水、吸湿效果的硅藻泥墙面可以借由涂刷技法展现独特的手工感，也可彰显仿清水混凝土墙的宁静之美，让墙面在朴素中展示更多细节。而右侧靠窗的飘窗背景墙则以浅蓝色乳胶漆作为渐层配色，让大地色系的优雅空间更显层次丰富。

空间设计及图片提供：庵设计

铁灰色墙面衬托出木质墙面的温暖

空间设计及图片提供：庵设计

客厅空间有限，沙发背景墙也不够大。为了改善拥挤的现状，特别在使用了 KD 木皮板的沙发背景墙外围用漆色做出变化。首先，在吊顶下的大梁与窗边的柱体上涂刷铁灰色乳胶漆，右侧铁灰色墙面与局部石材进行拼接，如此交错运用色调与材质，可以使墙面向右延伸、放宽的视觉效果，质感也会因此提升，并呈现冷暖交互的设计效果。

磐多魔地面为空间打下纯净自然地基

以往家居地面以地砖、木地板等材质为主流，但随着人们对风格和功能的需求趋于多样化，越来越多的人开始勇于尝试其他地面材质。此案例选择用新型涂料磐多魔厚涂地面，除了更符合整体自然风格的设计外，单一材质的地面也可以让画面看起来更为纯净。这类材质较水泥粉光更坚实，不易裂缝，即使被硬物碰撞而产生小瑕疵，也可以用"美容"的方式修复，维护保养也更简单。

空间设计及图片提供：晴空间设计

墨绿搭配粉红，坚固与温柔的完美组合

由于这个小空间需要满足业主工作与居住的双重需求，因此，工作区墙面特别选用了墨绿色，一来可以对比映衬出粉红沙发的温柔气质，另一方面也展现出空间的理性氛围，形成坚固与温柔的完美组合。除了在墙面用色彩来凸显装饰性外，刻意不涂满的墨绿墙面与圆弧转角都隐藏着设计的细节。如此设计，既可界定出起居区与工作区，也让整体空间画面更加柔和。

问题一 1

室内装修常用涂料有哪些？

　　涂料可以说是人们最为熟知且普及的材料之一了。由于很多涂料都是为适应不同气候与环境而开发的，因此选购前要先知道自己的需求，例如室内涂料就不适合涂刷在户外。一般室内常用的涂料有水泥漆、乳胶漆与各种矿物漆、护木漆等，但装修所用的仍主要是水性水泥漆与乳胶漆两种。这两种涂料都属于水溶性涂料，也就是不必采用甲苯类稀释剂调和，因此对家人健康与环境空气的危害都比较小。

　　另外，室内装修用的涂料建议使用亚光水泥漆或乳胶漆，因为对于长期待在室内的人，容易因亮光涂料反射光线而引起视觉疲劳，而且涂刷亚光涂料的墙体看起来较为柔和、温馨。随着室内设计越来越多样化，仿清水混凝土漆、硅藻泥、艺术漆等特殊涂料也逐渐受到人们青睐。这些涂料各自有特殊的功效与装饰性，业主可以依据自己的需求与设计师的建议来选用。

空间设计及图片提供：实适空间设计

每种涂料都有不同的特性，选购前要先了解自己的需求，再来选择适合的涂料。

问题 2

走进涂料店中，是不是常觉得很茫然？店内一罐罐涂料长得都差不多，到底要选哪一种呢？下面就常见涂料做一下比较。

水性水泥漆、乳胶漆、油漆的差别在哪里？该怎么选？

常见涂料的比较

常见涂料	水性水泥漆	乳胶漆	油漆
用途与成分	因常用于水泥底材而得名，为室内墙常用涂料。主要成分是水溶性亚克力树脂与特殊颜料	室内墙用漆，为乳胶涂料的俗称。主要成分为乳液、颜料、填充剂、助剂等	户外墙用漆，以耐候性及耐碱性优越的亚克力树脂为主体，加入耐候、耐碱颜料调制而成
特性	1. 加水稀释调漆；2. 施工简便，且好涂刷、干得快；3. 漆膜较粗糙；4. 覆盖力佳；5. 价格平易近人；6. 有亮光与亚光等产品	1. 加水稀释调漆；2. 可用水擦拭；3. 可防霉、抗菌，且不易褪色；4. 漆膜细致；5. 需多道涂刷；6. 价格较昂贵；7. 有亚光与亮光等产品	1. 漆膜柔韧坚固，耐候性、耐水性、耐碱性均较佳；2. 对漆体附着力强，涂刷后干燥迅速；3. 需以含有二甲苯的稀释剂调漆，对人体有害，不适合室内使用
使用寿命	2～3年	5～6年	依环境而定
适用范围	室内墙面、顶面	室内墙面、顶面	户外墙、庭院、公园

问题 3

不同材质墙面，涂料涂刷的施工方式一样吗？

每种涂料都有自己的特性，不同环境中的墙面需要用不同的涂料来保护。因此，涂料功能与墙面材质两者之间有着密切的关系，须依据不同墙体、面材及所需功能来选择涂料。例如，户外墙面需选用油漆、防水漆，室内墙面则多用乳胶漆或水泥漆，若想呈现不同的表面质感，可选择矿物漆或特殊漆，木制品应选用护木漆。油漆、防水漆、乳胶漆与水泥漆、护木漆的遮盖力和延展力均不同，需涂刷的次数与工法也会有差异。

每种涂料涂墙的基础工程与涂刷技巧也会略有不同，也就是说，底漆与面漆的涂料、刷法都不尽相同。想要拥有最佳的墙面涂刷效果，一定要先搞清楚墙面材质，并考虑墙面所在的环境条件，比如室内或户外、日晒情况、环境湿度，以及有无防水抗污需求等，都会影响涂料的选择与涂刷工序。因此，业主在为自家墙面换漆色之前，一定要先弄清楚墙面的材质以及自己想要的效果。

空间设计及图片提供：庵设计

针对涂料的不同种类和墙面的不同材质，施工重点会略有不同，因此施工前应先确认涂料的种类和墙面的材质。

问题 4

涂料颜色应该怎么选？

挑选涂料时，除了要了解环境与功能需求外，还有一个重点，就是选色。一般业主对于配色总有些犹豫，害怕因选错色彩而破坏家里的整体氛围，最后还是保守地涂刷了白墙。其实配色只要掌握几个重点，便可为空间大大加分。

首先选定自己想要的风格。如果喜欢自然感，建议选用大地色调，如驼色、米色、褐色；若偏好现代风，可以选用简约的黑、白、灰等色彩；若偏爱轻快活泼的风格，则可加入粉蓝、粉绿、粉黄的色块作为空间跳色。

其次要兼顾户型格局。如果是小户型，建议挑选具有后退效果（此类色彩有使墙面在视觉上远离的效果）的冷色调，比如灰蓝、灰绿，或者加了灰白色的莫兰迪色系。如果想加点变化，可以运用两种以上的颜色来搭配，并运用二八配比原则。例如，选用 80% 的灰色搭配 20% 的鼠尾草绿色，既让墙面色彩有了变化，又不至于太过花哨。也可以在白墙上设计 2 ~ 3 种颜色的几何图案或线条，这种设计很适合儿童房，可以培养孩子开朗活泼的性格，发挥他们的想象力与创造力。

空间设计及图片提供：禾禾设计

若害怕配错颜色，可选择相对安全的相近色来搭配，既不容易出错，也可做出层次变化。

问题 5

想自己刷涂料，要买多少量？应该怎么把握？

　　想自己刷涂料，无非就是想省点钱，因此该买几桶涂料，自然要精打细算。不同品牌、不同种类的涂料用量都会有差异，需视所选产品而定，通常涂料公司会提供自家涂料的用量计算说明。一般来说，要先计算出自家需要涂刷的面积。

　　如何测得自家需要涂刷的面积呢？首先，丈量需刷涂料空间的地面大小，接着套用"总涂刷面积＝地面面积×3.5"的公式，就可以大致计算出需要涂刷的总面积，最后再用总面积去涂料店换算出需要几升涂料即可。不过，这里要提醒大家的是，如果没有要刷顶面的计划，就只需将地面面积乘以2.5即可。

　　还有，通常墙面刷漆不会只刷一道，水泥漆可能还需要刷上第二道，因此用漆量就要再乘以二。至于乳胶漆，则因漆膜较薄而需刷2～3道，因此要准备出2～3倍的用漆量。此外，建议稍微多准备一点儿涂料，以免不够还要再补买，会比较麻烦。

空间设计及图片提供：禾禾设计

涂料通常不会只刷一道，因此算出用量后，还要多准备2～3倍的涂料。

问题 6

墙面涂刷完后看起来不平整，问题出在哪里？

墙面涂刷是住宅装修所有工程中相对简单的一项，也是不少业主考虑自己施工的项目，但是一旦有些施工细节没有注意到，就容易出现问题。其中最常见的问题就是刷完涂料后才发现墙面看起来不平整，大小不等的凹凸表面在灯光的照射下会显得更加明显，那么问题到底出在哪里呢？不只新手会遇到这种问题，经验较少或手艺不够熟练的工人也可能会遇到。因此验收时要特别注意，情况严重的，应拒绝交付费用，并请工人进行补救。

为何墙面会不平整呢？问题最可能出在墙面基础工程的刮腻子与打磨两道工序上。这两道工序都极需要耐心与经验，而且通常要重复 2 ~ 3 次才能完美磨平墙面，如果没有做到位的话，墙面就会出现不平。另外，涂刷现场应避免扬尘，刷具也要保持干净，否则都有可能使漆面有瑕疵。

问题 7

为什么墙面的涂料会起泡？应该怎么补救？

涂料除了会为墙面带来装饰效果，同时也具有保护墙面的作用。但有些墙面刷完涂料后不久却发生了起泡的现象，让墙面的美观性大打折扣。为什么会这样呢？可能的原因有：

1.新墙面未等完全干燥就开始刷涂料，内部湿气过重导致。

2.底漆与面漆的漆层施工间隔过短，导致内层漆未完全干燥，湿气被外层漆面覆盖，最后引起漆膜鼓起。

3.若墙面后为卫生间或厨房的用水区，可能因水管裂缝或防水层效果不佳而有水分渗透进墙里，时间一久也会让漆面起泡。

起泡现象的原因归咎起来，多是由墙面内外湿度不平衡所致。因此涂刷前确认墙面是否干燥很重要，千万别为了赶工期而缩短干燥时间，否则这些问题都会在日后一一浮现。万一真的发生墙面起泡的问题，需要将起泡的漆皮先行刺破或刮除，看是否仍有水汽，并找出湿气来源，待排除水汽问题后再重新刮腻子，并重刷底漆与面漆。

问题— **8**

装修没多久，墙面就出现裂缝，是涂料的问题还是墙体的问题？

墙面出现裂痕，可能是墙体的问题，也有可能是涂料的问题，因此，先要弄清问题出在哪里。如果是墙体的问题，要先确认墙面材质是水泥还是木材，抑或是其他材料。木质墙体的裂痕可能出现在接缝处，而水泥墙面则可能因沉降或温差等出现缝隙。墙体裂缝是无法单纯用涂料来掩饰的，即使重新涂刷，几周或几个月后又会有新的裂缝出现。因此要先用刮刀将墙面的杂质或凹凸面清除干净，重新刮好腻子，等干燥后再打磨，并且重新上漆才能彻底解决问题。

若墙体并没有问题，只是涂料出现裂缝，则有可能是漆膜过厚或者涂料的调配比例不对造成的，当然也有可能是涂料本身质量不佳或已经过期等原因。如果只是小面积的裂痕，可以用砂纸将裂缝处磨平后拿湿布擦干净，等墙面干燥后重新上底漆与面漆。如果是大面积裂缝，则应先确认裂缝问题的根源，将问题解决后，清除全部漆面，然后重新打磨刷漆。

问题— **9**

涂刷工程应该怎么估价？

一般人讲到涂料估价通常只考虑面积。其实涂刷工程不仅有涂刷这个步骤，还有很多前期作业，工人会依现场环境与工程的难易作出不同的估价，以下就整套涂刷工程的估价流程进行说明。确定涂刷工程价格的过程是这样的：

1. 丈量现场施工的面积。

2. 需与业主确认涂料的种类与品牌（比如是水泥漆还是乳胶漆）。

3. 根据完工质量的要求确认要刷几底几度。

4. 评估现场环境与施工难易程度，比如空房与已有家具的房间进行涂刷工程的难易程度是不同的。

问题一 **10**

什么是环保涂料？使用效果好吗？施工方式会不一样吗？

　　简单来说，传统涂料除了颜料、树脂外，还掺入了甲醛、苯与汽油等对健康有害的辅料。为了避免这样的涂料污染环境，人们从植物中提炼出了天然无毒的辅料，添加这种辅料做出来的便是环保涂料。这类涂料具有低散逸、低污染与低臭味等特色，其中以低甲醛、低挥发性有机化合物这两点最为关键，例如水性环保涂料或生态环保涂料等。

　　想要购买环保涂料，除了可以将成分与用途标识作为挑选依据外，最直接的方法就是选用经过国家检验的合格产品，以确保涂料质量。环保涂料的使用效果不亚于一般涂料，且因有害化学物质含量较低而更环保，有些产品还添加了净化空气的成分，环保效果更佳。环保涂料在施工上与传统涂料也无太大差异，但仍须视具体品牌与种类来施工。

空间设计及图片提供：禾禾设计

环保涂料的施工方式与其他涂料无太大差异，最大的不同是有害化学物质含量较低。

问题一 11

遇到墙漆剥落需要重刷吗？还是有其他改善的方法？

油漆剥落需不需要全面重刷，对此，首先要看剥落的情况是否严重，以及业主本身是否可以接受现状。许多房子由于生活动线紧挨着墙面，或家具倚墙而立，导致墙面涂料容易剥落或有一些撞痕。如果业主可以接受，也不一定要重漆；但如果墙漆出现大面积剥落、白华、水渍或难以接受的损伤，建议还是找时间重新维护一下，这样对家人的健康也比较好。

回到墙漆剥落的问题，如果只是部分墙面有剥落现象，业主不想整面墙全部重刷的话，可以选择局部补漆的方式，就是在掉漆的位置换上不同色调的涂料，如果配色设计得好，还可以为空间增色不少。但补漆仍然需要将原本剥落的漆面刮除，把凹凸不平的墙面重新刮腻子，补平再刷，这样才能把墙面补得好看。

问题一 12

卫生间应该刷哪一种漆？有哪些重点区域要特别小心？

卫生间属于重度用水区，因此墙面建议以瓷砖为主要材料，至于吊顶则较多使用 PVC 板或铝塑板，若想用涂料的话，可以选用防水性较佳的环氧树脂涂料。另外，卫生间重度用水区一定要先做防水层，这里谈的涂料只是指面漆部分的涂料。

另一方面，考虑到越来越多家庭的卫生间会采用干湿分离设计，那么卫生间干区的墙面确实可以考虑使用涂料，一方面涂料可以让墙面有更多变化，另一方面也可节省一些瓷砖费用。虽然说是干区，但卫生间整体仍长期处于湿气较重的状态，因此涂料应该挑选耐候性较佳的水性乳胶漆或防霉漆，其中最重要的就是要具有防水、防霉、抗菌等功能，这样才能适应并抵挡浴室的湿气侵袭。

另外，如果安装了木质柜体的话，也要特别注意防潮。可以给柜体先涂上一层护木漆，等干了之后再涂防水的透明漆，这样可以封住木皮表面的毛细孔，确保水汽不会进入，也可避免木柜产生霉斑。

问题一

13

听说一些涂料可以营造水泥质感，是这样吗？

　　这几年仿清水混凝土涂料在室内装修中大受欢迎，这种涂料可以在任何基面上施工，可以创造出和清水混凝土一样质朴自然的感觉，并且可以提高施工效率和节省成本。

　　另外，硅藻泥也因其环保性和功能性被越来越多的用户选用。除了环保外，硅藻泥的装饰性也非常强，可以做出肌理、印花、平面等各种效果。不过需要注意的是，硅藻泥虽然可以在视觉上模仿水泥，但无法在功能上替代水泥，如果墙面有孔洞或者开槽，修补材料不能选用硅藻泥。

空间设计及图片提供：庵设计

硅藻泥可利用推刀或抹刀的施工工法来呈现独特的纹理，丰富空间变化。

什么是矿物涂料，属于环保涂料吗？和传统涂料相比，谁比较贵？

矿物涂料就是主原料取材于天然矿物的涂料，常见的有硅藻泥、仿清水混凝土漆、混凝土修饰涂料、艺术涂料等，世界上很多厂家都有相关产品的研发。原则上这类涂料的原料都取于大自然，所以与传统的化工类涂料相比，对环境的污染更小，用于建筑室内外面材上时，不会挥发出有害人体健康的物质，因此更安全，且符合绿色环保的要求，理论上属于环保涂料。不过，仍有些厂商会在涂料中添加有害化学物质，为了避免误买到这类产品，选购时最好请厂家提供绿色环保认证证明。

矿物涂料多为进口产品，比一般的水泥漆和乳胶漆价格更高。由于涂料本身价格不同，矿物涂料所使用的施工工法也与传统涂料不一样，因此必须根据现场情况请工人估价。

空间设计及图片提供：禾禾设计

矿物涂料取材于自然，施工方式和传统涂料略有不同，总费用需现场估价才比较准确。

问题 15

什么涂料可以将墙面刷出金属或大理石的质感？这样的涂料价钱贵吗？

你有没有遇到过这种问题，想为家里装一面不一样的大理石墙或金属墙，但是看到高昂的材料报价后就犹豫了？不要烦恼，这个想法其实利用艺术涂料就能办到。不管是想为空间增添高档设计感，还是想在墙面上做一些创意设计，艺术涂料如金属漆、仿石漆、纹理漆等都能实现。艺术涂料主要由石灰岩等矿物质制成，并依照产品的设计需求加入液态金属、锈蚀涂料或大理石粉末、珍珠粉等材质，可在涂刷后呈现多层次且立体的表面变化。若再搭配室内灯光，就能呈现出犹如金属或大理石的质感，进而实现装饰性的艺术效果。

此外，有的油漆工还可以用高超的涂刷技术直接仿绘出大理石纹或石柱等，让涂料发挥出极致的艺术价值。由于艺术涂料多是进口产品，价格会比一般涂料高一些，加上特殊涂刷技法的工费也较高，但是仍远远低于使用真的石材或金属板的价钱，相对来说还是划算的。

问题 16

刷了涂料之后，还是无法覆盖下面的颜色，问题出在哪里？

先来了解一下不同涂料的特性。以室内常用的水泥漆与乳胶漆来看，水泥漆的覆盖力明显优于乳胶漆，主要是这两种漆料的成分不同导致的，一般水泥漆漆膜较厚，而乳胶漆因含有合成树脂而获得了更好的延展力，所以漆膜较薄透。若墙面本身残留有旧墙的颜色，或是底漆颜色较深，而面漆颜色较浅，就容易有透色现象，也就是新刷的涂料无法完全覆盖原本墙面的颜色。

一般来说，水性水泥漆在墙面上只需刷两道就可以有不错的平整度与覆盖力了，但如果是乳胶漆，则可能要刷 3 ~ 4 道甚至还要多，才能达到完整覆盖的效果与触感。

此外，如果乳胶漆在调配稀释的过程中加了过量的水，也会让漆膜太薄而容易透出底色，因此调漆时需依厂商提供的比例来稀释。还有一点就是，选用的涂刷工具对漆膜厚度也会有影响，其中滚筒的漆膜较厚，覆盖力会比喷涂的好一些。

硅藻泥真的可以除湿、除甲醛吗？它适用于哪些区域？

硅藻泥因其多孔的特性而能够吸收水分，具有调节湿度、抗霉、吸附异味和甲醛等优点。

不少重视健康生活的家庭，在挑选涂料时会特别选用硅藻泥，希望借助这种绿色环保涂料来打造除湿、去霉、消味的健康环境。硅藻泥的原料是一种由硅藻及其他浮游生物沉积而成的天然矿物，由于它具有多孔的特性而能够吸收水分，因此具有调节湿度、抗霉、吸附异味和甲醛等优点。但其主要作用是通过吸附湿气来平衡空气湿度，而非消除水汽，因此除湿效果有限，若想解决潮湿问题仍要依靠除湿机或排风设计。

日常生活中，硅藻泥除了被用作涂料外，也被大量应用于杯垫、地垫、壁纸等家居用品上。以涂料形式用于空间装修时，硅藻泥多会被涂刷在顶面或墙面上，它具有原始粗犷的触感与大地色泽，可以赋予空间功能与美感兼具的双赢设计。不过，硅藻泥虽有调湿功能，但因其涂刷工法的限制，不建议用于卫生间这种直接碰水的空间。

18

如果想自己涂刷，哪种涂料比较合适？

　　自己粉刷墙面其实不难，但若您是新手的话，建议还是从最基础的水性漆开始尝试，也就是水性水泥漆与乳胶漆。水性水泥漆使用方便又环保，且无刺鼻异味，涂刷所需要的材料、工具也很好准备，因此很适合新手。若从涂刷效果来看，由于水性水泥漆的漆膜较乳胶漆厚，更不易透色，因此墙面干燥后平整度会看起来比乳胶漆墙面好上许多，一般只需两道漆就可完整覆盖旧漆，可以给新手带来极大的成就感。反之，乳胶漆虽有附着力佳、抗菌、不掉漆等优点，但覆盖力比水泥漆弱，有可能出现漆色不均或底漆透色的问题，需要多涂刷 2 ~ 3 遍，工序较烦琐，失败率也较高。

　　准备自己为家中墙面上色的新手，需先以小毛刷修补周边，尽量用滚筒涂刷大墙面，因为滚筒涂刷出的漆膜较厚，干燥后的覆盖力与效果都会不错。

空间设计及图片提供：实地

水性水泥漆使用方便又环保，涂刷所需的材料、工具易取得，且对技术要求不高，最适合新手。

问题一 **19**

为什么我在店里选的漆色和回家后刷上墙的颜色差那么多？

如果你已经想好了墙面的漆色，接下来就是去店里挑选适合的涂料了。涂料店内的产品多如牛毛，且每桶涂料都有个美丽的名字，好不容易挑到了合适的漆色，结果回家刷完后却跟心中想的不一样。出现这种状况，可能是因为选色时只参考了色卡，色卡上一小块颜色放大到整面墙后，色彩的影响力也会随之放大，因此会出现强烈的色彩更强烈、灰暗的色彩更灰暗的问题。

另一个原因可能是卖场中灯光明亮、空间宽敞，涂料的色彩效果会因灯光明暗而被稀释或加深，而家中灯光与卖场不同，呈现的颜色就会有色差。也就是说，如果你家中的采光差，灯光照度又不足，或者家中的灯光与卖场的灯光有灯色差异的话，都会使漆色有不同的呈现效果。

最后，墙面色彩需要与家中的陈设相搭配，大型家具如沙发、衣柜、床等都会与墙色互相影响。因此，建议前往涂料店前先为家里拍个照，最好能拍到大型家具，也要弄清楚家中灯光的颜色。总之信息越多，你带回家的涂料刷上墙后越贴近自己的理想色彩。

空间设计及图片提供：实适空间设计

到店里挑选漆色时，关于空间的信息越多，越有助于选对适合家居的漆色。

问题
20

油漆工的报价差异很大，价钱可能差在哪里？

油漆工的报价有高有低，多和施工内容有关，不妨多咨询几个施工团队，再确定与哪个团队合作。

空间设计及图片提供　　设计

　　家里准备重新粉刷上漆，所以找了油漆工来估价，但是不同的工人给出的报价却差很多。一样的面积，到底不同在哪里？如果交给报价便宜的工人做，会不会出什么问题呢？一分钱一分货，通常涂刷工程的价格差异有可能出在以下几个环节：

　　1. 如果自家墙面有白华、凹凸、瑕疵等状况，应先跟工人确认在报价中是否有相关工程，以免事后被追加预算，或者没做清理直接上漆，日后漆膜可能很快会损坏。

　　2. 应询问工人刮腻子与打磨是做一道还是两道，有无上防水涂层等工序。

　　3. 要先确认使用的涂料种类与品牌，水性水泥漆与乳胶漆的价格不同，不同品牌也会有价格差异。

　　4. 需要问清楚上几层面漆，这也是导致价格差异的关键之一。如果是水性水泥漆，会上 1 ～ 2 道面漆，若是乳胶漆则需刷 2 ～ 3 道或更多道面漆。

　　这些施工的工序与条件都应先确认之后再比较价格，以免因贪图便宜，却导致事后出现纠纷，会更麻烦。

6
定制家具

家居装修中，收纳必不可
少。是选成品柜，还是定制柜，
到底哪个更划算？本章将解析
定制柜的板材、五金和设计，
让你选对柜体，做好收纳。

空间设计及图片提供：实适空间设计

想做好定制家具，要做好五金、板材等细节

收纳一直是家居装修的一大重点，因此柜体的设计、费用是业主在装修中最关心的事情之一。在没有定制家具的年代，柜体多是木质成品柜，但有了规格化的定制家具之后，业主就有了更多的选择。然而费用方面，由于板材、五金等细节的选配问题，定制家具的费用高于成品柜。因此想要精打细算地做好定制柜，除了柜子主体外，细节的选配也很重要。

空间设计及图片提供：Thinking Design 思维设计

常见装修用语

·缓冲功能

指开关门和抽屉抽拉时连接件有协助降低冲击力的功能。此功能不只使用体验感好，也可有效降低开关门和抽屉时产生的噪声。不过，具备缓冲功能的滑轨、铰链等通常价格比较贵，若是进口的，价格则会更高一些。

·板材

定制家具的基本构件有门、板材、五金等，从柜身到柜门都会使用到板材，因此板材是构成定制家具的主体。常用于定制家具的板材有胶合板、木芯板、发泡板、密度板等。

·甲醛释放量等级

世界各地的板材质量标准不同，使用的符号也不同。欧盟板材甲醛释放量等级分为 E_1（甲醛释放量 ≤ 0.124 mg/m^3）、E_2（甲醛释放量 > 0.124 mg/m^3）；F 则是日本用来表示板材甲醛释放量的等级，以"F$_{\star\star\star\star}$"为标识，星数越多，甲醛释放量越少（F$_{\star\star\star\star}$为甲醛释放量的平均值 ≤ 0.3 mg/L，F$_{\star\star\star}$为平均值 ≤ 0.5 mg/L，F$_{\star\star}$为平均值 ≤ 1.5 mg/L，F$_{\star}$为平均值 ≤ 5.0 mg/L）。中国对板材甲醛释放量的标准现在已统一为 E_1（甲醛释放量 ≤ 0.124 mg/m^3）。

装修材料

定制家具是由各个元件组成的，因此配件的选用会大大影响之后的使用手感，而其中板材和五金的质量更是决定了定制家具是否结实、耐用。

材料 1. 颗粒板

是将木材打碎成颗粒状再压制胶合而成的人造板。防潮、耐压、低甲醛，芯材两侧表面多会贴上三聚氰胺饰面，不易加工，但价格不贵，性价比较高。

材料 2. 木芯板

木芯板常用来承重，是以木板条拼接成板芯，两面覆盖两层或多层薄木板的板材。耐压、隔声且吸热，可分为单面板与双面板。木芯板中间的木料有被虫蛀的风险，因此可能会添加甲醛、甲苯来防虫，选择时应注意是否符合国家标准。

材料 3. 发泡板

成分为聚氯乙烯（PVC），防水，无虫害，好清洁，但不耐热。若选用发泡板制作柜体，放置电器时，要特别注意通风，以免过热。另外，发泡板的材质较软，钉子、螺丝较难咬合，最好特别加固一下。

材料 4. 密度板

也称为"纤维板"，是将木材打碎成纤维状，再压制胶合而成的板材。易塑形，不耐潮，泡水后会膨胀分解，表面很适合做烤漆或贴皮美化。根据板的密度，可分成高密度纤维板、中密度纤维板与低密度纤维板，用于制作家具的多是中密度纤维板。

材料 5. 滑轨

指安装在家具上用于拉开抽屉或柜板的五金连接部件。根据可拉开的尺度分为全拉、半拉，并依安装位置分为装于侧边的侧轨和隐藏在抽屉底部的底轨。有些具有缓冲功能的滑轨使用起来更顺手。

材料 6. 铰链

用来连接柜体与柜门的五金。铰链的尺寸与其可承受的重量有关，要依门高、门宽和门的重量来决定使用的数量及大小。其价格会因使用材质以及有无缓冲、减震功能而有所不同，一般来说进口铰链的价格较高。

材料 7. 层板托

柜体中用来支撑层板的零件，材质种类会因层板的材质不同而有所不同。若是玻璃层板，为了防滑，应使用带有防滑套的层板托；木层板使用一般的层板托即可，这种层板托价格便宜，在一般五金店便可买到。

材料 8. 门把手

门把手是帮助开关门的配件，依照形式可分为圆头锁门把手、水平门把手和推拉式门把手，材质则有塑料、铜质、木质、铝合金、不锈钢等。选用时要注意是否好握、好施力，然后再依据柜体造型、风格进一步挑选适用的款式。

材料 9. 转角五金

柜体转角处是最难利用的地方，而转角五金就是为了辅助转角深处畸零空间收纳的五金。常见的有拉抽式的拉篮，以及转动式的转盘、转篮，转盘依形状还可分成半圆形和蝴蝶形。

材料 10. 按压式柜门

指在柜内安装触弹装置，只要轻压施力就可以打开门，推回时只要按压即可关闭。若门太重会无法弹开，需视门的尺寸选用合适的配件。其无把手的设计可让柜门表面更显平整，视觉上更利落美观。

定制柜施工流程

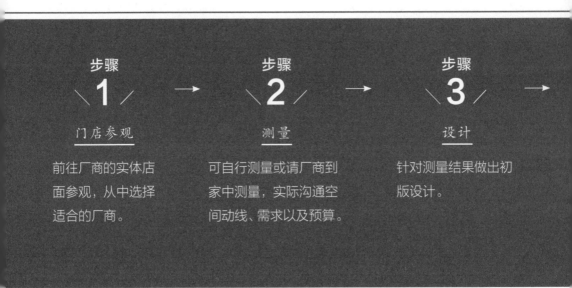

步骤
1

门店参观

前往厂商的实体店面参观，从中选择适合的厂商。

步骤
2

测量

可自行测量或请厂商到家中测量，实际沟通空间动线、需求以及预算。

步骤
3

设计

针对测量结果做出初版设计。

定制柜施工重点

重点 1：柜体是否歪斜

定制柜通常是将裁切好的板材运到现场进行组装，若现场地面不够平整，安装时应该让工人进行调整，以免柜体安装完成后看起来歪斜。

重点 2：柜门的缝隙是否过大

一般来说，柜门应该是密合的，若出现柜门缝隙过大的情况，可能是一开始裁切的柜门尺寸就不对，也可能是后续安装时工人安装得不到位或者安装错误，应该请工人重新调整。

步骤 \4/	→	步骤 \5/	→	步骤 \6/
确认设计		施工		完工验收
确认设计图纸，就细节做出修改、调整。		确认施工时间，安排工人进行组装。		确认效果是否与设计一致，或检查施工是否有瑕疵。

重点 3：确认五金安装是否到位

轨道、铰链等五金配件装好后，应测试使用起来是否顺畅，以及使用的五金品牌是否与当初讨论的一致。要确认柜子内部的螺钉是否锁紧、锁对位置，以及板材表面有无破损。

重点 4：做收边

定制柜安装完成后，和顶面、墙面之间会存在缝隙，安装工人应该用发泡胶和腻子收边，如此一来便可让完成面看起来更美观。

空间设计及图片提供：Thinking Design 思维设计

整面柜墙搭配独立餐柜，满足收纳量较大的需求

由于玄关、餐厨位于同一轴线上，因此从玄关开始一路沿墙设计了整面柜体，在靠近玄关处安排大型物品的收纳区，能放置行李箱或家电，餐厨一侧的柜体则嵌入了小电器、冰箱等。此外还设置了一个独立餐柜，既能当玄关屏风，又在面向餐厅的一侧增加了收纳功能。餐柜与整面柜墙特意分开 20 cm 的距离，既方便打开柜门，又保留了收纳功能。为了让空间更整洁利落，柜门不装门把手，改用凹陷把手设计以方便伸手开门。

手工艺术门板，更显生动有质感

空间设计及图片提供：欣琦翊设计有限公司 C.H.I. Design Studio

开放式厨房安排 L 形柜体，沿墙面设置了通顶高柜扩增收纳量，同时也多了能嵌入冰箱、小电器的空间。业主偏好中性的灰色，整个空间以浅灰色为主色，吊柜选用白色提亮，上浅下深的搭配有效地平衡了视觉感，不会显得过于沉重。柜门采用手工打造的艺术面板，不规则的纹理令空间氛围更为生动，陶土面材摸起来有细微的温润手感。搭配 6 mm 宽的五金线条把手，细致的金属线条既有收边的作用，不锈钢的质感也成为精致的亮点。

空间设计及图片提供：Thinking Design 思维设计

多功能空间，全面布局收纳空间

这处能弹性使用的空间，既能当客房，也能作为书房使用，因此在收纳功能上进行了全方位考虑。悬浮的白色定制柜体做至 60 cm 深，内部安排吊杆与层板，能当衣柜使用；左侧的木墙则嵌入 30 cm 深的层板，开放式的设计能作为展示区使用。下方则安排了 40 cm 深的悬浮式抽屉，能有效分类收纳各种小型物品。窗下则利用板材打造出了业主喜爱的飘窗，巧妙地利用了窗边的畸零空间，飘窗下方的柜体也能满足收纳需求。

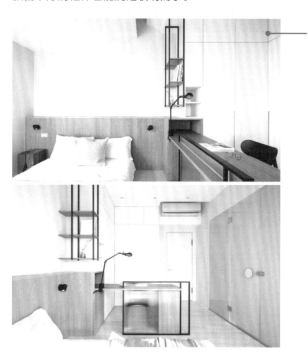

衣柜与书桌形成一体，不占空间

考虑到业主有使用书桌的需求，在主卧空间有限的情况下，沿墙面设置 L 形置顶衣柜，下方则嵌入书桌，形成一体式的流畅设计，有效利用空间。整个空间铺设浅米色的大地色系地板，全白的柜体巧妙融入空间，自带的木质凹凸纹理让空间更显自然清新。柜门特地采用切割的凹陷把手设计，细致的线条更显利落。靠近床铺的衣柜侧面安装了铁件层板，不仅多了展示功能，还能修饰 60 cm 深的柜体厚度，从床上望过去也毫无压迫感。

空间设计及图片提供：拾隅空间设计

空间设计及图片提供：一它设计

空间设计及图片提供：一它设计

橱柜切出斜面，
修饰柜体厚度

　　沿着开放式厨房打造 L 形柜体，与整个空间英伦风格的设计相统一。柜门采用实木门板，以欧式古典线条装饰，同时蓝色烤漆的深沉色调散发出优雅高贵的质感。由于吊柜深度仅有 35 cm，沿着吊柜向外延伸出吊顶，与下方 60 cm 深的柜体平行，让整体视觉更协调一致。橱柜侧面则采用斜面，不但柜体衔接不显生硬，还巧妙地修饰了橱柜的厚度，坐在沙发上不会觉得有压迫感。中央镂空的展示台面则成为空间中的美丽端景。

嵌入层板再贴镜面，创造一致的视觉感

在仅有 8.25 m² 的儿童房中，为了能同时容纳书桌与床铺，便将隔墙向后退缩，让出空间来安排书桌，墙面贴上灰镜，通过镜面反射适度放大视觉感。在墙上安装了25 cm 深的悬浮白色定制柜，可用于收纳图书、文件，下方嵌入 2.5 cm 厚的层板，板材厚度能提供足够的支撑力，即便放上再多图书也不会弯曲。在施工时，先嵌入层板，使用壁挂螺钉锁住，加强稳定性，接着在层板上下方贴覆镜面，层板则为搭配灰镜而选用深灰色系，让视觉效果更显一致自然。

空间设计及图片提供：拾隅空间设计

内嵌式柜门，勾勒跃动的几何线条

为了避免纯白色墙面单调无趣，书房内安排了整面墙的定制柜，赋予了空间多种功能。柜门特意采用内嵌式的做法，将门嵌入柜体，露出四周板材的侧面，勾勒出错落的几何线条，丰富层次感。而搭配按压式五金开关，无把手设计更显空间干净利落。选用带有纹理质感的白色木纹门，为空间增添了自然清新的韵味。最上方的柜体则特意喷涂成与顶面同色，让色调从顶面过渡到墙面，视觉上不会突兀。

问答

问题 1

定制柜和成品柜比起来，哪种性价比更高？

有些人不了解定制柜的价格和成品柜相比哪种合适，严格来说，两者的费用均因柜体的形式、内部的五金配件以及造型的繁复程度不同而有所差异。虽然比起传统木工方式，定制柜省去了上漆、贴皮和木工工人的工钱等费用，但不同定制家具使用的板材品牌和等级不同，价格上会有所差异。如果选择环保等级最高的板材，搭配的铰链、滑轨又都是质量好的产品，那么一样的规格、尺寸，定制柜会比成品柜贵一些。

不过假如考虑的重点在于精简预算，那么建议柜体造型不要做得太过复杂，同时避免选择有特殊花纹的表面装饰，而且柜体大小不要超过标准尺寸，抽屉、拉篮等五金以收纳功能的基本需求为主，这样的定制柜通常会便宜一些。

空间设计及图片提供：实适空间设计

若想精简预算，建议柜体造型不要做得太复杂，尽量避免选择特殊花纹的表面装饰，抽屉、拉篮等五金以收纳需求为主。

问题一 2

定制柜的板材主要有哪些？

板材是定制柜的主体，应根据需求来挑选，其中用于潮湿空间的板材要特别注意防潮性能。

空间设计及图片提供：实适空间设计

　　用于定制柜的板材主要有颗粒板、木芯板、发泡板、密度板四种。

　　较为常用的板材是颗粒板，其制作过程是将木材打散成颗粒状，再加入特殊胶质经过高温高压压制而成，因此胶合密度高，孔隙也很密实，具备不易变形、防潮、耐压等特性，也由于高温热压的过程使得板材内的虫卵无法生存，因此防虫蛀的效果更胜于其他板材。木芯板分成三层，上下两层为薄木片，中间是由实木条拼接而成，具有防潮、耐压、坚固、稳定性佳等优点，也是木工装修普遍使用的板材之一。发泡板因为是由 PVC 塑料制成的，所以百分之百地防水防潮，经常被用于卫生间柜体和阳台洗衣区的置物柜等，表面饰板为热压美耐板，有耐刮、易清洁的优点。密度板全称为"密度纤维板"，是将回收的木材废料磨成粉，同样采用热压胶合制作而成，密度较小，因此易切割或雕刻，但缺点是不防水、怕潮湿。

　　如果定制柜体的空间比较潮湿，那么就要选择防潮的板材。

问题—3

定制家具相对于以前的家具有哪些优点？

　　过去人们对家具的印象多是造型单调、呆板，只能方方正正，设计感不足。随着板材的演进、加工技术的发展和面材样式种类的增加，现在定制家具已摆脱了以往家具的单一性。现在的定制家具不但可以按设计做出造型特殊的家具，而且就连吊顶、格栅屏风、修饰梁柱都能通过定制来完成。因裁切塑形技术的提升，不论斜角、圆弧，还是具体的云朵、彩虹等造型，都能根据你的需求量身打造。比如，可将板材裁切为一根一根的线状柱，通过排列设计即可使用在吊顶上或是组成格栅。

　　除此之外，配合设计师巧妙又多元的设计手法，定制家具可有多种变化。譬如选用表面进行过刻沟处理的欧式门作为吊柜门，吊柜不全做封闭式，而是局部搭配开放式层架，便可以打造出一种较为活泼的欧式风格，若是结合铁件、玻璃、铁网等其他材质，则可让设计更为灵活。

空间设计及图片提供：实适空间设计

随着板材的演进、加工技术的发展和面材样式种类的增加，现在的定制家具能够做出特殊造型，并可按要求量身定制。

问题 4

定制家具可以拆卸吗？搬家后可以继续使用吗？

定制家具虽然拆卸起来比较麻烦，但也并非不可。有几个注意事项要提醒大家。首先应委托专业的厂家进行拆卸、组装，其次是要对新空间进行评估，看家具是否适用。若有不匹配的情况，通常会产生更改设计的其他费用，若拆装、重新设计的费用过高，就不划算了。

除此之外，假如当初安装的时候搭配了木工做的收边，那么拆卸时可能会破坏、毁损到原本的收边材料。后续需要再做修补时，便会产生补料的费用，还可能会遇到无法找到与破损部分相同的板材来衔接的问题。由于板材拆卸过程中容易有受损情况发生，建议拆装次数不要超过两次。

另外，拆卸、安装的费用一般会根据柜体尺寸（高柜、矮柜、吊柜）而异，最后还有一笔搬运费，每家厂商的价格都不一样，决定拆装定制家具之前最好询问清楚细节，避免最后价格超出预期。

问题 5

如何决定该选用定制家具还是成品家具？

相信这是许多装修业主心中纠结的问题。其实定制家具、成品家具各有优缺点，不妨从几个层面来做选择。

从价格来说，成品家具一般比定制家具便宜，而如果不选择进口五金、高级板材和特殊造型设计的话，定制家具也可以便宜一些。

从装修时间来说，如果装修时间很紧张，特别是现在法规明确规定，平日能施工的时间有限，此时可以考虑成品家具。不过，现在定制家具的组装时间也不会太久，不太复杂的话，需要3～5天即可完成，这样的时间一般来说也可以接受。

从环保方面来说，如果业主很在意甲醛含量的话，选择定制家具较好。因为定制家具所用板材多为低甲醛材料，比起板材质量不高的成品家具更安全健康一些。

从搬运角度来说，假如是有换房计划的业主，不妨选择成品家具。因为定制家具拆卸较为麻烦，不如成品家具搬运容易。

问题6

做定制家具的途径有哪些？挑选重点是什么？

目前做定制家具有三个途径，即找大众熟知的品牌装修公司、独立室内设计师和工厂直营的厂商。

大品牌装修公司的优点是质量稳定，有较为固定的施工团队，服务也较完善，使用上若有问题可以获得帮助，但要注意的是每家公司提供的板材与五金不同，保修年限也不一定相同，这些都是需要注意的细节。独立室内设计师通常拥有室内设计的相关背景，规划空间时会纳入业主的需求与生活动线来综合考虑，除了出设计方案，有时候也会联系施工团队做半包装修。工厂直营的定制家具厂商则又分为两种，一种是与设计公司配合的，另一种是也会对外承接方案的。选择工厂直营厂商的好处是成本较低，消费者可以用较便宜的价格获得服务，但后续的服务或保修要多留意，另外建议请施工方出示所选用的板材与五金配件的保证书，以确保质量无忧。

空间设计及图片提供：实适空间设计

如果自己对装修施工不太了解的话，可以考虑选择较有信用的大品牌装修公司，并确认是否有后续保修。

问题7

定制家具和成品家具的差别在哪里？

先从材质层面来看，定制家具的板材多为颗粒板，外层再压一层美耐板，目前许多定制家具都主打绿色环保的板材，健康且无刺鼻异味。而成品家具的板材常用的有胶合板、木芯板，胶合板由薄木片上胶压合制成，木芯板是夹板中间夹实木拼板，表面通常会再做贴皮加工，木芯板黏合剂较为人诟病的是多半含有甲醛等化学物质，不利于环境和健康。

接着从设计层面来分析，定制家具能彻底依照需求量身定制，造型样式的灵活性较成品家具高一些。虽然成品家具也可以修饰畸零空间，但定制家具能充分地利用空间，提供更强大的收纳功能。而从质量来看，相对于成品家具，定制家具比较依赖工人在现场的施工组装，因此现场安装时一定要把握好安装效果，若有问题要请工人及时调整。

总之，两者各有优异之处，且并非只能单一使用，可根据需求搭配使用，这也是近期装修的趋势。

空间设计及图片提供：实适空间设计

成品家具和定制家具各有优缺点，究竟选择哪种要看个人需求以及预算。

问题 **8**

定制柜如何配合空间风格?

定制家具的板材花纹样式、种类众多,常见的花纹有木纹、亚麻布纹、皮革纹,以及近些年来仿真度极高的大理石纹和仿清水混凝土纹。其中光是木纹就包括枫木、橡木、柚木、梧桐木等不同木种的纹路。

如果想要装修得奢华一点,建议搭配特殊的皮革压纹;喜欢温润一点的质感,可以选搭仿布纹面材;若偏好北欧风,可选择浅色木纹作为空间的主色调;若喜欢工业风,则可以选择仿清水混凝土纹;若想空间氛围现代时尚一点,就选择大理石纹,柜体立面的设计以简约为主,规划隐藏暗门也没问题。

另外,如果是喜欢田园风、欧式风的业主,那么可以选择有刻沟或古典百叶等多种样式的门板,甚至还有融入烤漆铁网的门板。因此,定制家具只需根据空间风格的特色选择适合的花纹与样式,就能达到你所希望的效果。

空间设计及图片提供:实适空间设计

定制家具的板材花纹样式、种类众多,不只表面花纹的仿真度极高,还可根据室内风格做出不同变化。

问题

9

传统家具大多样式呆板，
定制家具可以做出哪些变化呢？

空间设计及图片提供：实适空间设计

**定制家具除了可量身定制，还可以搭配玻璃、铝框、铁件等材质的门，
再结合照明设计，做出多种变化。**

传统家具给人的印象就是质感、造型变化都不多。而随着技术与工法的进步，定制家具的板材不断推陈出新，其应用的广泛程度已经超乎预期，大大弥补了传统家具在样式方面的不足。

以造型来说，板材可以通过特殊的裁切、施工工艺，制造出各种弧形的效果，另外有的厂商甚至开发出了格栅板材，可运用于顶面、墙面、柜体等处。

再者，通过运用一些设计手法，即便是一样尺寸规格的板材，借由堆叠、交错的拼贴技法，也能进一步拓展板材的造型。譬如书柜可以预留出一定尺寸，用来丰富层架的立体视觉变化；又或者利用不同的板材纹理做出区域界定，同时也能提升整体空间的设计感。而让定制家具不显呆板还有一种做法，就是以板材为主体，搭配玻璃、铝框、铁件等材质的门板，再结合照明设计，做出多种变化，让柜体更显活泼、时尚。

空间设计及图片提供：摩登

问题一 10

定制家具板材有等级之分，这些等级怎么区分？

可从板材标示的等级看出板材的甲醛释放量，释放量越低，价格越高。

很多人装修时选择定制家具的一大原因就是板材甲醛释放量低。没错，在挑选板材时，其中一个重要指标就是板材的甲醛释放量。不同国家和地区有不同的标准，比如欧盟的标准最高到 E_1，要求甲醛释放量不超过 0.124 mg/m^3，日本的最高标准是 $F_{\star\star\star\star}$，要求甲醛释放量的平均值不超过 0.3 mg/L。中国的标准在《室内装饰装修材料人造板及其制品中甲醛释放限量》GB 18580—2017 中规定为 E_1，要求甲醛释放量不超过 0.124 mg/m^3。板材的甲醛释放量越低，价格相对也会越高。

有时还会看到板材上标有防潮等级，实际上这是一种耐湿循环的测试方法。目前产自欧洲的颗粒板一律使用德国标准 DIN EN 312 来区分板材用途及种类，建议购买前先确认甲醛释放量等级与防潮等级。

甲醛释放量等级标准

中国 GB 18580—2017	日本 JIS A 5908	欧盟 EN 120
E_1（甲醛释放量 ≤ 0.124 mg/m^3）	$F_{\star\star\star\star}$（平均值 ≤ 0.3 mg/L，最大值 ≤ 0.4 mg/L）	E_1（甲醛释放量 ≤ 0.124 mg/m^3）
—	$F_{\star\star\star}$（平均值 ≤ 0.5 mg/L，最大值 ≤ 0.7 mg/L）	E_2（甲醛释放量 > 0.124 mg/m^3）
—	$F_{\star\star}$（平均值 ≤ 1.5 mg/L，最大值 ≤ 2.1 mg/L）	—
—	$F_{\star}$（平均值 ≤ 5.0 mg/L，最大值 ≤ 7.0 mg/L）	—

定制柜板材的承重力、耐用度好吗？板材选多厚的比较合适？

定制家具常用的颗粒板是将木块打成碎屑再压合而成的，然后在表面贴上美耐板材质，相较于由木板条组成的木芯板，结构力相对会差一点儿。因此在承重力方面，如果使用颗粒板的话，一旦层板的跨距过长，并且还要放置大量图书，这样就容易发生板材凹陷、变形的问题。通常建议用于定制家具的板材每隔 80 ～ 100 cm 设置一个支撑脚。

不过，这并不代表不能将定制家具用作书柜，只要选对适当的板材厚度，并且将跨距、结构性一并纳入考量，就能避免出现因长时间承重而形成"微笑曲线"。一般来说，书柜的板材建议厚度选用 25 mm（一般板材厚度多为 18 mm），跨距最多 70 cm。若想要再加强结构性，也可以在柜体增加不锈钢构件等作为支撑。倘若因设计需要而令跨距超过 70 cm，那么最好加装立板，以分散板材的承重力。

畸零空间可以使用定制家具吗？

以现在先进的裁切技术与施工工法，以及多种多样的五金，再加上设计师的创意，即便畸零空间也能使用定制家具。下面将针对不同的畸零空间提出建议和解决方法。

以厨房为例，常见的 L 形或 U 形橱柜的转角空间是最难利用的，此时可以搭配转角五金来化解，如转盘或转篮等。

还有就是住宅本身的内凹畸零空间，除凹角处可内嵌柜体之外，还可以利用板材将一侧规划为飘窗。如此一来，不但可以满足收纳需求，还能多创造出一个悠闲舒适的休憩角落。

另外，卧室常见的因压梁而产生的顶面空间不规整问题，可通过吊柜来化解。吊柜选用隐藏式按压开关，同时搭配浅色板材，既可以弱化柜体带来的压迫感，还增加了超乎想象的收纳空间。除此之外，利用板材还可以打造层架、书桌等多种家具，比如可以用拼组积木的方式来组装板材，就能将它们灵活堆叠成不同的家具物件。

问题 13

定制家具的安装方式是什么？
需要与其他工程配合吗？

定制柜的板材都是在工厂裁切后再送至现场组装的，一般会先将板材根据使用空间进行分类，并放置到接下来要组装的区域中。首先要安装的当然是柜体本身，依序将侧板、顶板用特制的螺钉锁好。柜体组装好之后还会在下方装上调节脚，调整并确认柜体具有良好的垂直度和水平度，若需安装踢脚线，可以一并在此阶段完成。接下来就是处理需要收边的部分，如果柜体与顶面之间需要切齐，会用专用收边胶进行固定。然后就是安装柜门、抽屉、把手、层板等柜体内部物件，不先安装把手是为了避免运送过程中发生碰撞，产生损伤，最后墙面与柜体间会再以硅胶收边。

由于定制家具必须和木工、水电、油漆等工程相互配合，建议还是委托装修公司或由设计师规划整合相关工程较为方便。

空间设计及图片提供：实适空间设计

定制家具若想拆除再利用，建议最好请专业厂商进行拆除，以免发生损伤。

问题 14

选用定制柜该怎么做会比较节省？

定制柜是由板材和五金配件组成的，板材用得越多，自然价格相对也会越高。另外，现在特殊纹理的板材越来越多，特殊、精致的表面处理也会提高整体预算，像是金属板材、仿清水混凝土板材就会比木纹板材贵。因此，如果有预算上的顾虑，建议使用素面简约的板材，此外还要尽量少做过于复杂的造型设计。五金配件的选择也要以基本的收纳需求为主，或者不一定要用进口品牌的产品，可以从国产品牌中挑选。

除此之外，从现在的装修趋势来看，空间内的定制柜也不是要做满做多才好看，审视自身对于收纳的需求很重要。比如，客餐厅之间可以用镂空定制柜取代隔墙，这样既满足了分隔需求，又满足了两个空间的收纳需求。又比如不要求太多承重的餐边柜、书柜等可以省略柜门，用开放式柜体形式呈现。这些做法都可以达到精简预算的目的。

问题 15

定制家具是找装修公司定做，还是请独立室内设计师设计？

其实不管是装修公司还是独立室内设计师（现在不少室内设计师从装修公司独立出来，建立了自己的工作室），都可以协助进行柜体设计。不过要注意的是，不管找谁设计，都要根据自己的实际需求来定制，比如你想要什么功能和风格，沟通阶段应先确认清楚。另外，选择装修公司或独立室内设计师的时候，可先上网多做功课，看看其他网友的评价，询价过程中也要了解其提供的服务内容有哪些，是否有专门的安装团队，以及保修与售后服务又包含哪些，这样才能保证最后获得的效果符合自己的预期。

附录

设计师信息

ST DESIGN STUDIO

一它设计

禾禾设计

欣琦翊设计有限公司 C.H.I. Design Studio

Thinking Design 思维设计

拾隅空间设计

庵设计

晴空间设计

构设计